多肉匠私家秘诀

陈 樑◎著

海峡出版发行集团 | 福建科学技术出版社
THE STRAITS PUBLISHING & DISTRIBUTING GROUP | FUJIAN SCIENCE & TECHNOLOGY PUBLISHING HOUSE

图书在版编目（CIP）数据

多肉匠私家秘诀 / 陈樑著. —福州：福建科学技术出版社，2016.1
ISBN 978-7-5335-4851-3

Ⅰ. ①多… Ⅱ. ①陈… Ⅲ. ①多浆植物 – 观赏园艺 Ⅳ. ①S682.33

中国版本图书馆CIP数据核字（2015）第219675号

书　　名　多肉匠私家秘诀
著　　者　陈樑
出版发行　海峡出版发行集团
　　　　　福建科学技术出版社
社　　址　福州市东水路76号（邮编350001）
网　　址　www.fjstp.com
经　　销　福建新华发行（集团）有限责任公司
印　　刷　福州德安彩色印刷有限公司
开　　本　700毫米×1000毫米　1/16
印　　张　14.5
图　　文　232码
版　　次　2016年1月第1版
印　　次　2016年1月第1次印刷
书　　号　ISBN 978-7-5335-4851-3
定　　价　45.00元

你不需要拥有多大的院子，

只需要怀着对多肉的热爱准备一个有阳光的地方。

你不必时时刻刻准备浇水，

多肉有它独特的坚强态度。

你无须专门为多肉打造一间华丽的屋舍，

一个装着疏松土壤的旧陶盆足以成为它的家。

多肉匠说，

快准备好你的阳台，

与他一起发现美丽的多肉世界吧。

Contents 目录

第一章

遇见多肉植物 8

第二章

认识多肉植物 49

第三章

种养多肉植物 108

第一章 遇见多肉植物

一、自然界的小萌物

多肉植物，又叫多浆植物或者肉质植物，它们大多都生长在气候干燥炎热的沙漠或海岸干旱地带。正是为了适应原生地的这种干燥气候，方才进化出肥厚多汁的储水器官。

景天科

番杏科

百合科

目前全世界已知的多肉植物品种已经超过一万种，可谓家族庞大，主要科属有景天科、番杏科、百合科、仙人掌科、龙舌兰科、大戟科等。不同品种的多肉植物的储水器官也不相同，有的是叶片，有些则是茎或者根。而且其中很大一部分的多肉植物的代谢都采取景天酸代谢途径，这是一种与普通植物不同的代谢方式。在这样的方式下，植物的气孔只有在夜间开放，而日出之后则关闭气孔，以减小其在阳光照射下的蒸腾率。

仙人掌科

大戟科

龙舌兰科

值得一提的是，不同品种的多肉植物还具有不同保水方法。部分多肉植物的叶片表面会有一层不透水的蜡质层或者短绒毛，用于抵御强光的照射。

在以上诸多的因素下，也就不难理解为什么多肉植物非常耐旱了。既具有这么强的生存能力，又有着萌态百出的外观，多肉匠不禁要感叹：造物者对多肉植物真是十分的慷慨。

提到这种耐旱的植物，很多人都会觉得它们只是生长在茫茫的沙漠之中，而事实上多肉植物的分布地区远远不只局限于沙漠。草原、荒漠、海岸甚至热带雨林中都生长着多肉。

而且世界上最大的多肉植物原生地就是有彩虹之国美誉的南非共和国。

在这个面积只有 122 万千米^{2}的国家分布着近 3000 种多肉植物，涵盖番杏科、百合科、景天科、大戟科、萝藦科等，品种数量几乎占据了所有多肉植物品种的三分之一。

南非多为灌丛草地与半沙漠化地区，西靠大西洋，东靠印度洋，大部分地区属于热带草原气候，西部与南部沿海分别为热带沙漠气候与地中海气候。大部分地区的夏季最高气温也不会超过30℃，冬季的最低气温也在-5℃左右。外加其适中的降雨量，简直是多肉植物的天堂。

墨西哥与美国西南部接壤，80% 以上的国土为高原和山地。首都墨西哥城的海拔为 2240 米，其北部常年受副热带高压控制，同时较高的海拔使海洋水汽无法到达，因此全年的平均降水量不足 250 毫米，且大多都集中在雨季。全年气温大多都在 10 ～ 26℃，大部分地区的气候都不算严酷，这样温和的气候条件十分适合仙人掌的生存。全世界现存的 1000 多种仙人掌中，分布在墨西哥境内的就有超过 500 种，几乎占据了整个科属的一半。不仅仅是仙人掌，墨西哥还自然生长着福桂花科、龙舌兰科、景天科等科属的多肉植物。被花友广泛喜欢的仙女杯的原生地就是墨西哥。

墨西哥的国花就是仙人掌，甚至国旗上都有仙人掌的元素。

Mexico

墨西哥国旗

以上是 2 个多肉植物集中分布数量最大的原生地，除此之外，马达加斯加、东非、秘鲁、阿根廷、美国等地也都广泛分布着多肉植物。中国也有部分原生品种，比如产自云南的滇石莲以及全国都有分布的瓦松、八宝景天等。事实上，离开原生地的植物也可以经过长时间的驯化，逐渐地适应新环境的气候。当我们了解到一个品种的原生地属于什么地区时，我们就可以尽可能地制造接近该地区气候环境的条件，在引种成活后逐渐地减少人为的干预，最后让植物达到外来品种的本地化，甚至可以让其露养在野外环境中，自然生长成美丽的样子。

二、
融入生活
的
自然艺术

多肉植物分布世界各地，不同的气候环境中孕育出不同的植物形态。有的叶片犹如露珠一般晶莹剔透，有的可以散发出令人愉悦的淡淡香味，有的则长得像动物的小手掌或者小耳朵，极具观赏性与趣味性。

对于现代人来说，多肉植物可以是办公室的一抹绿色，也可以是住在阳台的萌宠；它可以变成你身上的饰品，甚至可以成为增加求爱成功率的礼物。

如果你家有个小后院，还可以按照自己的想法设计一个多肉花园。它可以蔓延到你生活空间的每一个角落。

多肉胸花：让多肉成为你穿着的一部分。我们可以称之为“可穿戴式园艺”。

多肉植物花束：表达爱意最简单也最直接的方式就是送花束。为何不让可以持久生存的多肉来代替鲜花呢？

多肉植物礼盒：相对花束来说，礼盒的形式更具有神秘感。萌萌的多肉簇拥在美丽的花盒里，表白成功率直线上升！

多肉植物伴手礼：回赠婚礼宾客的伴手礼是每个婚礼必不可少的。把新人的喜悦附注在植物里，让参加婚礼的亲友带回家细心养护，既美观又有意义。

多肉圣诞树：谁说圣诞树一定是松树。只要有想象力，多肉植物也可以是圣诞节的主角。

多肉店招牌：是的，这是多肉匠家的招牌。打理起来虽相对有难度，但十分具有视觉冲击力。

多肉匠
Succulents joy

多肉匠

多肉艺术造景：造景也可以是一种艺术，并且是鲜活的不断变化的艺术。无论是款式过时的雨鞋，还是一段老枯木，亦或是一个准备丢弃的木箱，搭配上多肉之后都被赋予了新的生命。

三、肉言肉语

多肉植物的圈子有着自己的交流语言。首先了解一些多肉种养名词，能帮助你更好地理解文章内容，并且可以让你与其他爱好者更顺畅地交流、分享经验心得。

玉杯东云缀化

珠丝卷娟缀化

缀化是植物的一种形态变异，即从正常的一个生长点变异成多个生长点，并且呈线型或者鸡冠形排列。随着生长点的变多，植物叶片的数量自然也跟着多起来，植物的主干也从圆柱形变异成与生长点相对应的扇形。目前对于导致多肉植物缀化的真正诱因没有公认的说法，我们能了解到的是播种的小苗或者叶插苗出现缀化的概率比成株变异的概率要高。从缀化的植株上分株出来的小苗也可能在日后的生长过程中出现返祖变化，也就是变成没有缀化的普通形态。缀化的发生属于小概率事件，大型多年生的品种更加少见。由于其相对稀少的数量与奇特的形态，故具有收藏价值。

小美人缀化

小\贴\士

缀化的植株叶片密集，要特别注意通风。切不可长时间让水珠停留在叶片上。

姬莲杂交品种群生

蓝石莲群生

红宝石群生

绿爪杂交品种群生

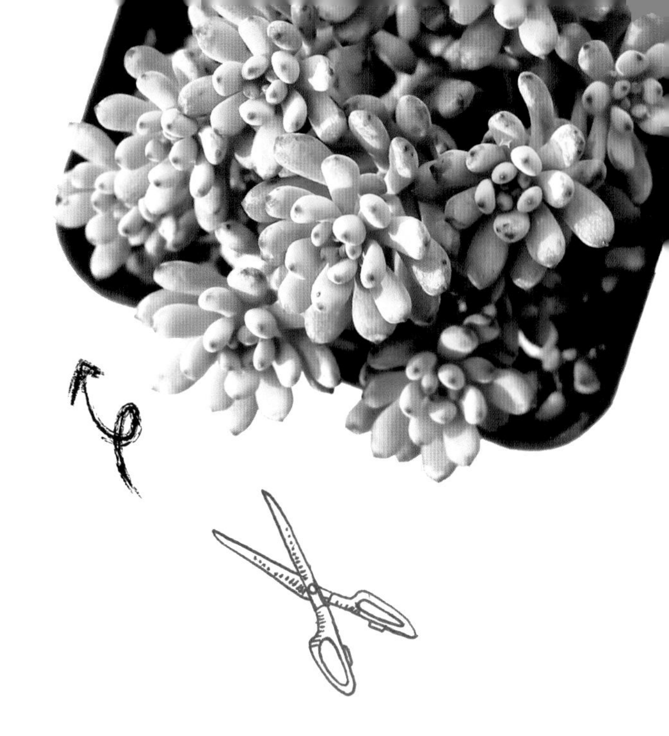

群生

共同生长在同一个根系茎秆上的多个生长点就可以叫群生。与缀化不同的是群生的生长点相对独立。群生是一种自然生长的状态，并不是变异后的结果，相对比较常见，通常叶插苗就很容易同时长出好多个小头，长大后就是群生的植株了。再长大一些把原先使用的容器撑得满满的，那么又可以说这盆植物爆棚了。

老桩

乙女梦老桩

经过多年生长，植物枝干外层自然代谢，变化成像树桩一般的质感。不同品种成为老桩所需要的时间也不同，这也和它们的生长速度有关，如筒叶花月、熊童子、蝴蝶之舞、雅乐之舞等都属于较容易变老桩的品种。一般小苗到老桩只需要1～2年的时间。由于其干系质感的改变，十分适合种在一些创意盆景中，远远看上去就像一棵棵缩小的大树。但严重木质化的植株往往根系活性较低，移盆发根的时候恢复起来也相对较慢。拿人来比较，可以说是年纪大了，新陈代谢与激素分泌都没有年轻的时候来得旺盛。

鹰兔耳老桩

由于种植过程中受温湿度、光照等多种因素影响，植物细胞内部控制色素的基因发生了变异，从而导致叶或者茎等部位的颜色发生改变。拿景天科来说，变异颜色大都是红、黄、白三色。而根据其颜色的分布形态又可以分为全锦、极上斑、覆轮、中斑、三光中斑、逆斑等。

吉祥冠锦

借聊植物出锦的话题吐槽一下多肉市场上的一个恶习。多肉匠经常在花市上看到商家会在一些多肉上喷洒各色的颜料甚至亮粉，来让一些相对常见的品种的颜色更加艳丽。且不说这样是否好看美观，就植物叶面被颜料所覆盖对其本身来说是十分不好的。其实植物本身的状态就是自然美丽，可以的话请大家不要把多肉当成画纸来对待。

被人工上色的多肉

爆盆 5

植物自我生长繁殖，茎叶向盆外生长直至超出容器所能容纳的范围的情况就叫爆盆。不用担心，能出现爆盆情况说明你养护到位，植物生长健康茂盛。爆盆能在感官上给人一种愉悦的视觉冲击，当然植物生长需要更大空间的时候建议移到更大的容器中。

姬秋丽爆盆

劳尔爆盆

叶体

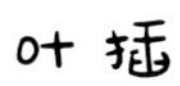

叶插

这是一种多肉植物无性繁殖的方式。字面意思就是把掉落或者人为摘下的多肉叶片插在土里，重新繁衍出一株新多肉。

砍头

砍头

同样是无性繁殖，也可以叫扦插，是剪下位于植物顶端的部分来进行繁殖。底部留下的基座经过自我伤口的愈合，还会生长出新的小头。经过一段时间的生长后又可以重复这一过程，是一种相对容易的繁殖技术。

分株

大部分多肉植物成株，会在生长季节从底部侧边生出小崽。当它长到一定的大小后，我们可以人为地将它从母株身上分离出来，这一过程就叫分株。多肉匠喜欢在换土的时候顺便进行分株，因为换土和修根是同时进行的，不容易造成分株时候的伤口感染。

分株

休眠期的子持莲华

休眠

休眠是一种植物的自我保护机制，不同的品种在不同的温度条件下都会进入休眠状态。温度过高或者过低都可以引发植物休眠，这是一种自然规律，就像树木的叶子在秋天会枯黄掉落，在春天又重新生长出新嫩芽一样。多肉植物的休眠也是如此，但和树木不同的是，其正常休眠时叶子不会全部枯黄掉落。

多肉匠所在的城市福州，处于欧亚大陆东南边缘，属于典型的亚热带季风气候。每年的 7 ~ 9 月是最炎热的时候，这段时间夜间的最低气温也都会超过 30℃。而白天的气温更是直逼 40℃，植物大棚内的温度甚至能达 50℃以上。非经过本地驯化的夏型种以外，大部分多肉植物都会进入一个很长的休眠期。此时它们停止生长，叶子原本艳丽的颜色，都会褪成绿色。而福州冬天的却比较温柔，一般最低温度都在 5℃左右徘徊，故休眠的品种相对较少。照顾休眠时期的多肉格外考验花友的技术与经验。下文我们会选一些品种，详细讨论在休眠期的养护要点。

生长期的子持莲华

闷养

闷养是一种在低温季节流行的养护方式，通常针对玉露、寿、十二卷等喜爱高湿度的品种。操作方法很简单，在花盆上扣一个与花盆直径相当的透明罩子即可，可以是一次性纸杯，也可以是剪了一半的矿泉水瓶。这是一种家庭种养中模仿温室大棚环境的做法，目的在于增加植物周围的空气湿度，以达到让多肉变得饱满水灵的质感。关于闷养，花友们的态度褒贬不一，但大部分还是持支持的态度，而反对闷养的花友大都因为如果这种技术没有在合适的条件下进行，常会导致植物闷坏闷死的惨剧发生。

闷养玉露

闷养前

闷养后

关于闷养的一些小建议：第一，闷养中的植株不要接受阳光直射，否则容易造成过高的温度，从而导致“煮肉”的后果。第二，刚浇过水的植株不要马上闷养，建议等待表面土层干燥，但底部土层还有水分的时候进行。第三，不宜长时间闷养，建议夜间温度较低的时候取下透明罩。这样既可以让植物呼吸到新鲜的空气，也可以让日夜温差加大，有利于多肉的生长。第四，不是每种多肉都适合闷养，如景天科、番杏科的成株如果进行闷养反而对生长不利。总结下来，如果你对自家所种植的品种的习性以及实际状态没有十分的把握与了解，请不要轻易使用这个方法！

小\贴\士

秋季是闷养的最好季节。

徒长的蓝石莲

徒长

植物由于光线不足，出现只长个子不长肉的情况。同时，叶片之间的间隙加大，底端的叶片还会呈现下垂的情况。花友们形象地把这种情况称作“穿裙子”或者“摊大饼”。出现徒长的植物不仅在形状上变丑，也会失去原本艳丽的色彩而变得越来越绿，表面的粉和绒毛也会褪去。抗逆性变差，极容易生虫染病。总的来说这是一种植物的亚健康状态。

徒长的黄丽

水化 12

因为浇水过多或是某些病害、低温、冻伤等原因，导致多肉的叶片或者茎逐渐出现透明化，并且变软、掉落直至腐烂的情况我们称之为水化，这是一种常见的多肉病状。导致水化的最大原因之一就是浇水过多。植物的水分吸收需要充足的空气来维持，水量的过度饱和导致土壤中的空气不足，时间一长会使其根部处于“窒息”状态，就好像把植物泡在水里一个意思。这不仅导致叶片水化，也是烂根的罪魁祸首。处理方法是：当观察到一部分叶片开始变得透明并且捏上去软软的，没有弹性时，就应当立即停止浇水，必要情况下离土并且清洗根部，用小刀切掉病患部位，出现透明的叶子及时摘除。在伤口处涂抹多菌灵（一种杀菌药）后放置在不会被阳光暴晒的通风处观察。2 ~ 3 天后如果没有出现新的水化情况，就可以重新种回土里，而如果发现又有新的水化情况出现，则重复上面的操作。

水化

土壤的透气性很重要，如果你不止一次遭遇到水化，那么就应该思考是不是你使用的营养土的配方有问题。可以适当加大颗粒土的配比，加强土壤的疏水性；使用无孔花器时必须在底部垫一部分的大颗粒火山岩或者陶粒。作一般家庭盆栽使用时，6 ~ 12 毫米大小的颗粒即可。并且切记不要长期让土壤的持水量饱和，毕竟多肉植物多是生长在相对干旱的环境中，过量浇水并不能让它生长加速，反而会对它们造成伤害，在其休眠期更是如此。

第二章 认识多肉植物

一、景天科

目前全世界分布的景天科多肉品种数量为1600余种。作为近几年最先被中国玩家所喜爱的多肉植物大科，超高的颜值与较低的价位使其在玩家心中有着重要地位。无论是憨态可掬的石莲花属，或是皮实圆润的景天属，还是朴实坚毅的瓦松属，都是市场上与玩家手中必不可少的美好“肉体”。

1. 薄叶蓝鸟

科属：景天科石莲花属

原生地：墨西哥

品种特性：蓝鸟系列中的薄叶品种。叶片厚度和蓝石莲差不多，表面粉较厚。状态好的时候颜色偏蓝。较容易群生，叶插成功率也很高。对光线要求较高，阴天浇水容易造成徒长。除夏季以外，其他时间健康成株可接受全日照。

养护难度：★★
光照需求：★★★★
繁殖系数：★★★★

2. 墨西哥巨人

科属：景天科石莲花属

原生地：墨西哥

品种特性：肉如其名，墨西哥巨人是景天科中的大型品种。生长缓慢，多年生植株的直径可达 30 厘米以上。表面覆盖着厚厚的白粉，底层的老叶呈现淡淡的粉褐色。浇水时请避开叶片表面，更不要用手去触摸叶片，否则会破坏表面的白粉层，造成植物品相的破坏。夏季休眠时需做好控水工作。

养护难度：★★★
光照需求：★★★★
繁殖系数：★★★

3. 绿爪

养护难度：★★
光照需求：★★★★
繁殖系数：★★★★

科属：景天科石莲花属
原生地：墨西哥
品种特性：叶片短小密集，覆盖白粉。叶片顶部呈深褐色硬质的尖状。光照充足时，叶片紧凑向上，颜色泛白；光线不足时，叶片松散下垂，从生长点开始向外泛绿。和大部分景天科一样，绿爪耐旱，怕积水，喜欢充足的阳光。由于叶片密集，浇水时注意要吹落停留在叶片上的水珠，避免水珠长时间停留造成腐烂。特别是在阴雨天气，留在生长点上的一小颗水珠就足以致命。叶插或扦插繁殖都可以，注意扦插的时候要待伤口晾干后再种入土里。

4. 特玉莲

科属：景天科石莲花属
原生地：美国加利福尼亚
品种特性：特玉莲是鲁氏石莲的变异品种，所以也可以说它有着墨西哥血统。叶片从根部到尾部呈凹槽状的弯曲，光线充足时弯曲程度更加厉害，十分有趣。表面带有白粉层，秋季开出淡红色的花。喜欢干燥通风、光线充足的环境。光线不足时叶片趋于扁平，颜色暗淡。叶插与扦插均可繁殖，成功率都很高，属于较容易养护的品种。

养护难度：★
光照需求：★★★★
繁殖系数：★★★★

5. 皮氏蓝石莲

养护难度：★
光照需求：★★★★★
繁殖系数：★★★★

科属：景天科石莲花属
原生地：南非
品种特性：属于中型品种，叶片密集，表面覆有白色偏蓝的粉。光线充足时，叶尖会出现红边。对阳光需求较大，过阴环境容易造成叶片拉长、下垂、变绿，白粉层变淡。可叶插繁殖，也可扦插繁殖。由于引进国内较早，经过数代驯化，已十分适应中国大部分地区的气候，属于较容易养护的品种，且价格也很低，是新手必入的多肉之一。

6. 天狼星

科属：景天科石莲花属
原生地：墨西哥
品种特性：为园艺杂交品种，属中型多肉。叶片表面光滑，无毛无粉，呈勺形，有叶尖。喜阳，光照充足时，叶尖泛红；缺光时，叶片变绿、下垂。夏季高温进入休眠，此时要做好遮阴与控水工作。繁殖方式以叶插为主。

养护难度：★★★
光照需求：★★★★
繁殖系数：★★★

7. 紫罗兰女王

科属：景天科石莲花属

原生地：墨西哥

品种特性：是月影系的杂交品种。叶片数量较多，呈长勺形，表面覆盖白粉层，故浇水时需要避开叶片。光照不足时，叶片很容易拉长变形。在光线充足的秋季，叶片颜色则会变成粉红。花开淡黄色。繁殖方式以扦插和叶插为主。

养护难度：★★★
光照需求：★★★★
繁殖系数：★★★

8. 蓝灵

科属：景天科石莲花属

原生地：不详

品种特性：叶片肥厚，覆盖白粉，顶部有叶尖。光照充足时，叶片紧凑向上，颜色泛蓝；光线不足时，叶片松散下垂，从生长点开始向外泛绿。喜欢充足的阳光。浇水的时候注意要吹落停留在叶片上的水珠，避免水珠长时间停留造成腐烂。叶插或扦插繁殖皆可。

养护难度：★★
光照需求：★★
繁殖系数：★★★

9. 白牡丹

养护难度：★
光照需求：★★★★
繁殖系数：★★★★★

科属：景天科石莲花属
原生地：不详（园艺杂交品种）
品种特性：叶片呈莲花座状排列，肥厚，有叶尖，表面覆白粉层。光照充足的季节里，淡粉色会从叶片边缘向中心蔓延，其他时候颜色接近于白色。白牡丹是很多肉友入手的第一科景天科多肉，不仅因为其形态美丽、价格美丽，更因为它具有经得起折腾的顽强生命力。白牡丹喜欢阳光充足的环境，春秋季节均可全日照，夏季适当控水遮阴。叶插成功率极高，非常适合新手种养。

10. 霜之朝

科属：景天科石莲花属
原生地：墨西哥
品种特性：叶片呈细长椭圆状，背面有棱线。表面覆盖较厚的白粉层，光照充足时叶片会微微泛红。夏季休眠时白粉层变淡，叶片颜色会随之变绿。喜欢充足的阳光，浇水时尽量避开叶片以免冲淡白粉层。夏冬休眠需控水，生长季节待土壤干透后再浇水，使用的营养土不可过分保水。叶插、扦插繁殖皆可，出芽率高。

养护难度：★★
光照需求：★★★★
繁殖系数：★★★★

11. 红粉台阁

养护难度：★★
光照需求：★★★★
繁殖系数：★★★★

科属：景天科石莲花属

原生地：墨西哥

品种特性：叶片宽而薄，有小小的叶尖，形状像桃心。表面覆盖白粉层，光照充足时叶片会变红。缺少光照的时候叶片不再聚拢，下垂、摊平，粉层也会变淡。除夏季以外，其他季节均可全日照。红粉台阁需要接受充足日照叶色才会艳丽，叶片才会肥厚，株型才会更紧实美观。夏季高温休眠需断水，直到每日最低温度高于 25℃时可逐渐恢复正常浇水。盆土要求疏松透气，泥炭土与椰糠这类植料的占比尽量控制在 30% 以内。叶插或者扦插繁殖均可。

12. 红稚莲锦

科属：景天科石莲花属

原生地：墨西哥

品种特性：红稚莲在中国广泛种植已久，红稚莲锦是其变异品种。叶片根部有白色的不规则斑锦，逐渐蔓延到顶部并不断变淡。喜阳，耐旱，怕阴湿。夏季高温需遮阴、控水。冬季低于 5℃进入休眠，生长缓慢。繁殖方式以叶插与扦插为主，叶插出芽率较高。

养护难度：★★
光照需求：★★★★
繁殖系数：★★★★

13. 大和峰

科属：景天科石莲花属
原生地：墨西哥
品种特性：属于大中型品种。叶片深绿色，长三角形，表面有淡淡的白粉层，背部有棱线，呈莲花座状密集生长。当光照强烈时，叶缘泛红。生长速度快，易生侧芽。喜阳，耐半阴。叶插与扦插为主要繁殖方式。

养护难度：★★★
光照需求：★★★
繁殖系数：★★★★

14. 蓝色天使

科属：景天科石莲花属
原生地：墨西哥
品种特性：叶片呈莲花座状排列，较细长。叶色偏蓝，覆盖白粉层。光照充足时，叶片密集聚拢；缺光时，叶片稀疏下垂，颜色变绿。生长速度快，属于很容易徒长的品种，所以需要保持养护场所光线充足。耐旱，不耐寒，冬季低温需注意控水。叶插与扦插为主要繁殖方式。

养护难度：★★★
光照需求：★★★
繁殖系数：★★★

15. 密叶莲

科属：景天科石莲花属

原生地：不详

品种特性：叶片顶端微微外翻，叶缘勾勒着一圈红色边沿。光线不足时较容易徒长，徒长后从生长点长出的新叶片往往较长，颜色较绿。容易群生。夏季高温进入休眠，叶片颜色也随之变绿。秋季恢复生长后，逐渐加大光照即可恢复。砍头扦插与分株扦插是主要繁殖方式，叶插成功率较低，大多数时候只出根不发芽。

养护难度：★★

光照需求：★★★★

繁殖系数：★★★★

16. 宝莉安娜

科属：景天科石莲花属

原生地：不详

品种特性：叶片正面为绿色，背面泛红直至尖部呈深红色，以莲花座状生长。春秋两季为生长旺季。喜阳光充足、温暖通风的环境，忌阴湿。夏季休眠时需保持土壤干燥。繁殖方式以叶插和扦插为主。

养护难度：★★★

光照需求：★★★★

繁殖系数：★★★

养护难度：★★
光照需求：★★★★
繁殖系数：★★★★★

17. 紫珍珠

科属：景天科石莲花属
原生地：德国
品种特性：因颜色而得名，即便在光照并不充足的情况下，叶片也很少变成绿色。叶片像勺子一样向内弯曲，表面覆盖淡淡的白粉层。生长速度很快，与黑王子的习性相近。喜欢充足的阳光，耐旱，但不耐寒。夏季炎热需注意避开阳光直射，冬季低温需减少浇水量。春季可放心施肥，算是比较吃肥的品种，但肥料过多也会造成植株叶片过分肥大，失去聚拢密集的品相。叶插成功率极高。

18. 锦晃星

科属：景天科石莲花属
原生地：南非
品种特性：通体覆盖白色短绒毛，夏季颜色为绿色，在温差较大的秋季中叶片尾部变红。喜阳，晒得越多表面的绒毛就越密集，缺光情况下绒毛变少，叶片下垂、变绿。一年无明显休眠季节。繁殖方式以扦插与叶插为主。

养护难度：★★★
光照需求：★★★★
繁殖系数：★★★

19. 静夜

科属： 景天科石莲花属

原生地： 南非

品种特性： 属小型石莲花品种。叶片较小，数量多且密集。生长季节容易在叶片间隙长出小苗，属于非常容易群生的品种。阳光充足时，叶尖会变为淡淡的粉红色。静夜最怕土壤长时间过湿，所以浇水后一定要放置在干燥通风的地方，否则感染病菌的可能性很大。当看到静夜的茎秆开始变黑，叶片不正常掉落的时候就应注意是不是感染了病害。若感染病害，应及时切除病患部位，抹上多菌灵等杀菌药，晾干后再重新种植。叶插成功率很高，但应注意温度条件，选在春秋两季进行相对安全。

养护难度：★★

光照需求：★★★★

繁殖系数：★★★★

20. 厚叶月影

科属： 景天科石莲花属

原生地： 墨西哥

品种特性： 半圆形的叶片敦厚短小，顶部有细小叶尖，表面覆有白粉层，呈莲花座状排列。颜色偏绿，易生侧芽。喜欢阳光充足、通风良好的种植环境，耐半阴，生长速度慢。繁殖方式以叶插和扦插为主。

养护难度：★★★

光照需求：★★★

繁殖系数：★★★

21 红宝石

科属：景天科石莲花属

原生地：不详

品种特性：叶片绿色，叶缘深红色。光照过强，温差却不大的时候容易晒成暗褐色。属于极易群生的品种，春秋生长季节一不留意就会有小苗从侧边冒出来。有时候母株的叶片会压到刚冒头的小苗，因此可以取下母株底层的部分叶片以腾出空间给侧芽生长。夏季休眠期，植株颜色会变得比较绿，在秋季生长季，加大光照即可恢复。以叶插和扦插繁殖为主。

养护难度：★★
光照需求：★★★★
繁殖系数：★★★★

22. 小和锦

科属：景天科石莲花属

原生地：不详（园艺杂交品种）

品种特性：株型小且密集，叶片形状近似三角形，背面有棱线，有深褐色的斑纹，表面覆着厚厚的蜡质层。光照充足时颜色泛红，缺光时则叶片变绿、下垂。怕水涝、怕低温。开淡黄色花。繁殖以叶插与分株为主，生长速度慢。

养护难度：★★
光照需求：★★★★
繁殖系数：★★★

23. 高砂之翁

科属：景天科石莲花属

原生地：墨西哥

品种特性：大型多肉品种，成株直径可达30厘米以上。叶缘呈大波浪状褶皱，覆盖白粉层。光线充足，温差大的情况下叶片从顶部开始泛红，褶皱会更加明显。缺光时叶片变绿，松散下垂，褶皱也变得不明显。生长速度很快，一般半年左右就要换盆一次。

养护难度：★★
光照需求：★★★★
繁殖系数：★★★

24. 罗密欧

科属：景天科石莲花属

原生地：墨西哥

品种特性：叶片肥厚多汁，当温差大且有强光照射时叶片通体呈血红色。长时间过阴养护容易徒长且导致叶片下垂并失去艳丽的颜色。习性强健，喜欢干燥通风的环境。在南方，除夏季外均可全日照。北方冬季需注意防寒控水。使用的营养土不可过于保水。叶插或者扦插繁殖皆可。

养护难度：★★★
光照需求：★★★★★
繁殖系数：★★★

25. 芙蓉雪莲

科属：景天科石莲花属
原生地：不详（园艺杂交品种）
品种特性：芙蓉雪莲是雪莲的近亲，表面有着厚厚的白粉层。株型较大，生长速度快。喜阳、耐旱、不耐阴。除夏季高温季节以外，其他季节均可全日照，以维持表面白粉层的状态。昼夜温差大的时候叶片边缘还会泛红。春秋生长季节的浇水掌握“干土就浇”的原则，冬季低于5℃需控水或断水。繁殖方式以扦插为主，叶插成功率一般。

养护难度：★★★
光照需求：★★★★
繁殖系数：★★

26. 劳尔

科属：景天科石莲花属
原生地：墨西哥
品种特性：叶形圆润厚实，表面覆盖白粉层。一般状态下叶片颜色偏蓝，光照充足时叶尖呈现淡红色。一般春季开花，花白色。喜欢透气疏松的土壤环境，易群生。不耐寒，冬季低温应控水甚至断水。繁殖方式以叶插与扦插为主。

养护难度：★★★
光照需求：★★★★
繁殖系数：★★★

27. 丹尼尔

科属：景天科石莲花属
原生地：不详（园艺杂交品种）
品种特性：叶片厚实，表面覆盖短绒毛，叶背有棱线，呈勺形向内弯曲，整体植株呈莲花状生长。喜欢阳光充足的环境，光线充足时，叶片边缘泛红，绒毛更密集，叶片更紧凑；缺乏光照时则相反。耐旱，不耐寒。夏季需遮阴，避免暴晒。冬季低温控水或断水。繁殖方式以扦插为主。

养护难度：★★★
光照需求：★★★
繁殖系数：★★★

28. 巧克力方砖

科属：景天科石莲花属
原生地：不详（园艺杂交品种）
品种特性：通体深褐色，覆盖蜡质层，似巧克力一般的质感与触感而得名。叶片较短，接近圆形，呈莲花座状排列。光照充足时，叶片微微翘起并向内弯曲；缺乏光照时，叶片颜色变绿、下垂。喜欢干燥、通风、光线充足的环境，怕积水、怕低温。冬季低温需控水。繁殖方式以叶插为主，成功率与出芽速度都非常理想，属于非常好照顾的品种。

养护难度：★★★
光照需求：★★★★★
繁殖系数：★★★★★

29. 女雏

科属：景天科石莲花属

原生地：不详

品种特性：常见的多肉植物之一。叶片为肥厚勺形，表面覆盖白粉层，呈莲花座状排列，边缘会因日照充足与温差加大而染上红色。新叶颜色娇嫩，老叶颜色较深。喜欢充足的阳光，怕高温、怕高湿、怕盆内积水。生长温度为 10 ~ 30℃，超出温度范围需控水。夏季应避免阳光暴晒，其他季节可全日照。极易萌生侧芽，生长速度快，叶插成功率高。

养护难度：★★★
光照需求：★★★★
繁殖系数：★★★★

30. 法比奥拉

科属：景天科石莲花属

原生地：不详

品种特性：株型类似大和锦，但叶片形状更尖，且单片叶子更小。叶背有棱线，叶面有微小的浅色斑纹，叶尖在充足的阳光照射下会轻微泛红。喜欢凉爽、干燥、阳光充足的环境，于 0℃以上可正常生长。春秋季节保持土壤湿润，无积水。繁殖方式以叶插与扦插为主。

养护难度：★★★
光照需求：★★★★
繁殖系数：★★★

31. 玉杯东云

科属：景天科石莲花属
原生地：不详
品种特性：中小形品种。叶片呈断勺形，表面覆盖蜡质层，无粉无绒毛，生长紧凑密集，光照充足时微微泛黄。喜欢充足阳光，不耐阴，怕积水。生长季节可全日照，夏季需遮阴、控水。冬季低于5℃停止生长，需保持盆土干燥直到气温回升。繁殖方式以扦插与叶插为主。

养护难度：★★★
光照需求：★★★★
繁殖系数：★★★

32. 星芒

养护难度：★★
光照需求：★★★★
繁殖系数：★★★

科属：景天科青锁龙属
原生地：非洲北部
品种特性：叶片短而厚，表面覆盖密集的短绒毛。较大温差与光照充足的时候加以控水，植株的颜色会逐渐由绿转红。光线不足容易造成叶片拉长、变绿，表面绒毛变得稀疏。怕积水，极为耐旱。生长季节十分容易侧生幼芽。

33. 黑兔耳

科属：景天科伽蓝菜属
原生地：墨西哥
品种特性：又叫巧克力兔耳。通体有着厚厚的短绒毛，并且叶尖边缘会在光照充足的情况下呈现深褐色。喜欢光照充足的环境，不耐阴，是十分容易徒长的品种。夏季遮阴后需注意观察植株状态，过分遮阴时即便不浇水，半休眠状态的黑兔耳也会徒长。冬季要做好保温工作，0℃以下严格断水。

养护难度：★★
光照需求：★★★★
繁殖系数：★★★

34. 爱染锦

科属：景天科莲花掌属
原生地：非洲北部、地中海等地
品种特性：叶片较薄，从头到尾贯穿着黄颜色的锦斑。环境因素影响下锦斑的面积会变大或者缩小。多年生植株的枝干部分会呈现半木质化的状态。春季开花，开出的花为黄色。如无授粉准备，建议剪掉花箭，以免消耗过多养分。夏季高温进入休眠期，休眠时要保持良好的通风，避免阳光暴晒。冬季5℃以上正常生长。夏季叶插可成活，但成功率不高，推荐扦插。

养护难度：★★
光照需求：★★★★
繁殖系数：★★★★

35. 唐印

科属： 景天科伽蓝菜属

原生地： 南非

品种特性： 又名牛舌洋吊钟，用牛舌来形容它实在是再形象不过了。唐印的叶片长度可达 15 厘米，宽度也可达 10 厘米。表面覆盖厚厚的白粉层。温差变大，阳光充足的时候叶片变红。是十分皮实的品种，水多水少都能生存，也是最适合露养的品种之一。可以叶插繁殖，也可以扦插繁殖。

养护难度：★★
光照需求：★★★★
繁殖系数：★★★

36. 红葡萄

科属： 景天科风车草属

原生地： 南非

品种特性： 叶子饱满而圆润，缺水的时候表面会有明显的褶皱出现。叶片表面有细微的斑点纹路，而颜色则有些像大和锦。夏季颜色较绿，进入秋季后在光照充足的情况下颜色也会变红。光照不足时叶片松散下垂并变长，颜色也会随之越来越绿。建议扦插繁殖，当然也可以叶插，但成功率没有前者来得高。

养护难度：★★★
光照需求：★★★★
繁殖系数：★★★

37. 姬胧月

科属：景天科风车草属

原生地：墨西哥

品种特性：属于胧月的小型品种，叶片密集，表面有厚厚的蜡质层，质感光滑。光线充足时通体火红。对阳光需求较大，属于容易徒长的品种，过阴环境容易造成叶片拉长、下垂，叶片间距拉大，颜色变绿。生长速度飞快，容易生出侧芽，繁殖方式可叶插，也可扦插。

养护难度：★
光照需求：★★★★★
繁殖系数：★★★★

38. 铭月

科属：景天科景天属

原生地：墨西哥

品种特性：叶片呈细长橄榄形，表面覆盖蜡质层，边缘在温差大、光照好的情况下会呈现焦黄色。夏季休眠遮阴时叶片变绿。耐旱、耐强光，忌盆内积水。喜欢疏松透气的土壤环境。较皮实，想要养活不难，但想要养出果冻色的状态需要一定的养护经验，算是进阶型品种。

养护难度：★★
光照需求：★★★★
繁殖系数：★★★

39. 东美人

科属：景天科厚叶草属
原生地：墨西哥
品种特性：叶片肥厚，呈环状生长，颜色偏绿，表面有淡淡的白粉层。光照不足时，叶片拉长、变绿，白粉层也会变淡。喜欢干燥温暖的环境，健康的成株在四季皆需要充足的阳光，夏季适当遮阴即可。在中国南方多地属于常见的多肉品种，很多老院子的屋瓦上都有成片生长的老桩。值得一提的是它很容易感染介壳虫，每个季节都应注意预防虫害。叶插、扦插繁殖皆可。

养护难度：★
光照需求：★★★★
繁殖系数：★★★★

40. 姬秋丽

科属：景天科风车草属
原生地：墨西哥
品种特性：虽说名字里也有"秋丽"二字，但和秋丽相比，形态差异还是比较大。姬秋丽叶片饱满圆润，数量密集，呈莲花座状生长。光照条件好的情况下植株通体呈粉红色。老桩姬秋丽往往会以垂吊的方式生长，十分具有观赏价值，是最被熟知的小型品种之一。夏季超过35℃以上需断水遮阴，其他季节均可全日照。叶插、扦插繁殖皆可。

养护难度：★
光照需求：★★★★★
繁殖系数：★★★★

41. 新玉缀

科属：景天科景天属

原生地：墨西哥

品种特性：叶片短小圆润，排列密集，颜色嫩绿，表面有白粉层。多年生的新玉缀越长越高，会呈现垂吊的生长形态。喜欢阳光充足、通风好的环境，不耐阴，十分容易徒长。生长季节里只需几天的阴雨天气，就足以导致它叶片距离变大。由于它的生长速度较快，因此分株、叶插后的生根速度也很快，发出的毛细根数量十分可观，属于易养护、易繁殖的品种。

养护难度：★

光照需求：★★★★★

繁殖系数：★★★★★

42. 星美人

科属：景天科厚叶草属

原生地：墨西哥

品种特性：属于厚叶草属的常见品种。幼苗时叶片接近球形，随着植株的长大，叶片会有一定程度地拉长，表面覆盖白粉层。夏季35℃以下依旧生长，但要避免高温湿热，冬季低于0℃容易造成冻伤。春秋季节生长旺盛，可施以氮钾肥促进生长。秋季浇水量为一年中最大，通风条件好的情况下可以每周浇1次水。繁殖方式叶插、扦插皆可。叶插成功率很高，生根速度也很快。春秋季节，将掉下的叶片放置在土面上，避开阳光直射即可繁殖。健康的叶片一般1～2周就会生根出芽。

养护难度：★★

光照需求：★★★★★

繁殖系数：★★★★

43. 奥普琳娜

科属：景天科风车草属

原生地：不详

品种特性：长度适中的叶片和叶端淡淡的粉红色让人爱不释手。养护起来也比较简单，属于较皮实的品种。生长速度比较快，所以追求叶片聚拢、颜色鲜艳的肉友，在光照条件不理想的时候，浇水量一定要少。繁殖方式叶插、扦插皆可。在南方，除了炎热的夏季以外，其他三季均可生长繁殖。

养护难度：★★

光照需求：★★★★★

繁殖系数：★★★

养护难度：★

光照需求：★★★★

繁殖系数：★★★★

44. 乙女心

科属：景天科景天属

原生地：墨西哥

品种特性：属小型多肉品种，生长密集而紧凑，叶片呈圆柱形向上生长，表面覆盖白粉，光照充足时叶片顶端出现粉红色。光线不足的时候，白粉褪去，叶片颜色变绿，形状拉长、下垂。喜阳，除了休眠期以外的季节可全日照。相对其他多肉来说耐肥、耐积水，但不可长期积水，可以通过观察底部叶片是否微微发皱来判断是否需要浇水。春季开花，花朵为黄色。易群生，春秋季节叶插成功率非常高，当然也可以扦插。另外，乙女心与八千代的外观极为相似，但区分的方法很简单，乙女心的叶片较大，状态好时叶尖泛红；八千代叶片较细长，颜色偏绿。从茎上也能分辨，乙女心是肉质茎，而八千代是木质茎。

45. 旋叶姬星美人

养护难度：★★
光照需求：★★★★
繁殖系数：★★★★

科属：景天科景天属

原生地：非洲北部

品种特性：因为叶片呈旋转排列，故得名为旋叶姬星美人。与万年草与姬星美人一样是十分强健的品种。喜欢光线充足的环境。植株颜色偏蓝，光照充足时叶片分布紧凑，十分可爱。花期一般在春天，会开出淡粉色的花朵。叶插或者扦插都是很好的繁殖方式。新手必入品种之一。

46. 蛛丝卷绢

养护难度：★★★
光照需求：★★★★
繁殖系数：★★★★

科属：景天科长生草属

原生地：非洲北部

品种特性：叶片小而密集，呈莲花座状排列，接受充足光照之后会在叶片之间生出白色的丝状物。这层丝状物的覆盖正是其健康的表现，如果没有丝就说明要加强光照了。夏季休眠期要严格控水并避免阳光暴晒，其他季节均可全日照。春秋生长季节里极易群生，从底端生出的小芽剪下后可扦插繁殖。长生草属的多肉对水分要求不高，很耐旱，反过来说就是很怕积水、湿热。缺水的时候蛛丝卷绢底部的叶片会先开始变皱，建议新手看到这个信号之后再浇水。

47. 艳日辉

养护难度：★★★
光照需求：★★★★
繁殖系数：★★★

科属：景天科莲花掌属

原生地：非洲北部

品种特性：叶片呈莲花座状排列，叶片边缘有微小锯齿。光照充足时叶片变为淡紫红色，光照不足时则变绿。喜欢温暖、阳光充足的环境，不耐寒。土壤要求疏松透气。根茎粗壮，极其耐旱，害怕积水。繁殖方式以分株为主。

48. 黑法师

科属：景天科莲花掌属

原生地：加那利群岛

品种特性：叶片呈莲花座状排列，叶片边缘有微小锯齿。喜欢温暖、阳光充足的环境，光照充足时叶片呈现深褐色，光照不足时则变绿，且叶片也会随之拉长，不耐寒。缺水时叶片下垂、变软。根茎粗壮，易木质化，耐干旱。土壤要求疏松透气。夏季高温时有短暂休眠。繁殖方式一般为扦插，叶插成功率极低。

养护难度：★★★★
光照需求：★★★★
繁殖系数：★★

49. 黄丽

养护难度：★
光照需求：★★★★
繁殖系数：★★★★★

科属： 景天科景天属

原生地： 墨西哥

品种特性： 黄丽与白牡丹一样属于中国最常见的品种之一，也是经过驯化之后最易养护的品种之一。叶片肉质厚实，表面覆盖蜡质层。喜阳，耐旱，不耐寒。在阳光充足，昼夜温差大的秋季，颜色变深，通体呈黄色，叶尖还会带点橘色。而光线不足时，植株颜色褪回绿色，叶片间距加大，并且形状变细、变长。黄丽较少出现病虫害，自身适应力极强，繁殖速度也很快。在春秋季，叶插与扦插的出根速度非常快。

50. 熊童子

养护难度：★★★★
光照需求：★★★★
繁殖系数：★★★

科属： 景天科银波锦属

原生地： 非洲

品种特性： 因其叶片边缘萌萌的小突起像极了小熊的手掌而得名。光照充足时，叶尖还会变红，令毛茸茸的质感更加可爱。喜阳，怕湿。夏季35℃以上即进入休眠，期间应断水，直至气温下降到30℃以下后再恢复正常浇水。浇水之后不可让水珠长时间停留在叶片表面，否则容易令叶片出现斑点。繁殖方式以扦插为主，叶插一般只生根不发芽。

51. 青丽

科属：景天科景天属
原生地：不详（园艺杂交品种）
品种特性：叶片形状接近三角形，背部有棱线。外观类似黄丽，但青丽的叶片更宽，排列更为密集。一般情况下，通体为绿色，经秋季强光照射会微微泛红，但相对其他品种来说这个变化并不明显。同时，青丽相对同科属的品种而言更为耐阴。耐旱，喜阳，不耐寒，病害相对较多。冬季低温应严格断水，四季都应注意除虫。繁殖以扦插、叶插为主，出芽率高。

养护难度：★★
光照需求：★★★
繁殖系数：★★★★★

养护难度：★★★
光照需求：★★★★
繁殖系数：★★★

52. 小米星

科属：景天科青锁龙属
原生地：南非
品种特性：小型品种，一个枝干上一般会有 2 个以上的分枝，多以群生状态生长。枝干易木质化。叶片呈三角形，并以十字形分布排列。光照充足时叶边变红，缺乏光照时叶片间距拉大，颜色变绿。喜欢阳光充足、干燥通风的环境。耐旱，不耐寒，忌盆内长时间积水。冬季低温需注意控水保温。繁殖方式以扦插为主，剪下植株顶端 2 ~ 3 厘米的头，待晾干伤口后种植即可。

53. 虹之玉

养护难度：★
光照需求：★★★★★
繁殖系数：★★★★★

科属：景天科景天属
原生地：非洲北部
品种特性：属于国内较为常见的品种。叶片呈长椭圆形生长，呈绿色，温差较大或光线充足时，几天内便可通体变红。叶片表面覆盖蜡质层。耐旱、耐寒，生长速度快。夏季需注意遮阳，其他季节可全日照。繁殖方式以叶插为主，成功率和出芽速度都非常惊人。

54. 锦司晃

养护难度：★★
光照需求：★★★★★
繁殖系数：★★

科属：景天科石莲花属
原生地：墨西哥
品种特性：通体覆盖白色软绒毛。是极其需要阳光照射的品种，光照不足时，表面绒毛变少，叶片下垂、变绿。生长速度慢，对水分的要求也较低。除夏季以外季节均可全日照，但需时常调整花盆的方向，以免因为阳光照射的方位固定，而致其生长变形。繁殖方式以扦插为主，叶插成功率不高。

养护难度：★
光照需求：★★★★★
繁殖系数：★★★★★

55. 火祭

科属：景天科青锁龙属
原生地：非洲西部
品种特性：又叫秋火莲。因其在温差较大的秋天，接受强光照射之后，叶子会变得火红且有层次感而得名。叶片形状呈长椭圆形。一般单层叶片为 4 片，偶能见 5 叶或者 6 叶形态。夏季短暂休眠，期间植株变回翠绿色。生长季节易生侧枝，生长速度非常快。耐旱，不耐寒，喜欢阳光强烈的环境。繁殖方式以扦插为主。

56. 艾伦

科属：景天科厚叶草属
原生地：墨西哥
品种特性：叶片厚实，倒卵形，呈莲花座状排列，表面覆盖白粉层。在光照充足的秋季，颜色变为粉红色。喜欢温暖、通风的环境，忌阴湿。生长季节可全日照，夏季需遮阴、控水。冬季低于 5℃停止生长，需保持盆土干燥直到气温回升。繁殖方式以扦插与叶插为主。

养护难度：★★★
光照需求：★★★★
繁殖系数：★★★

57. 立田凤

养护难度：★★★
光照需求：★★★★
繁殖系数：★★

科属：景天科石莲花属
原生地：非洲西部
品种特性：小型多肉品种。叶片厚实，形状接近倒卵形，表面有密集斑点。喜阳、耐旱、耐高温。除夏季外，其他季节均可露养，全日照。浇水掌握“不干不浇，宁干勿湿”的原则即可。生长速度一般。繁殖方式主要为叶插，出芽率较高。

养护难度：★★★
光照需求：★★★★
繁殖系数：★★★

58. 苯巴蒂斯

科属：景天科石莲花属
原生地：不详
品种特性：为大和锦与静夜的杂交品种，继承了静夜的小体积与红色叶尖，以及大和锦分明的棱角。叶片勺形，表面覆盖白粉层与淡淡的浅色斑纹，在光照充足的时候边缘会泛红。喜阳，怕阴湿。浇水遵循“宁干勿湿”的原则。繁殖方式主要为扦插与叶插，侧芽分株繁殖成功率也很高。

59. 冰莓

科属：景天科石莲花属
原生地：不详
品种特性：为目前最受中国肉友欢迎的品种之一。叶片勺形，浅蓝色，表面覆盖白粉层，在光照充足的时候边缘会泛红，呈莲花座状排列。生长点中心处叶片密集。夏季休眠，建议控水直至秋季来临。浇水时注意避开叶片表面，以免冲淡白粉层。繁殖方式主要为扦插与叶插，同时冰莓也是容易群生的品种，侧芽分株繁殖成功率也很高。

养护难度：★★★
光照需求：★★★★
繁殖系数：★★★

养护难度：★
光照需求：★★★★
繁殖系数：★★★★

60. 初恋

科属：景天科石莲花属
原生地：不详
品种特性：叶片较薄，表面覆盖薄薄的白粉层，光照充足时叶片呈粉紫色。开淡黄色花。耐高温、耐旱，10 ~ 30℃都可生长，超过35℃时进入休眠状态。休眠期不可大量浇水，保持通风、干燥即可，傍晚或者清晨温度较低时候可少量浇水。叶插和扦插繁殖的成功率都很高。

61. 婴儿手指

养护难度：★★★
光照需求：★★★★
繁殖系数：★★★★

科属：景天科景天属
原生地：不详
品种特性：叶片短小圆润，淡粉色，表面覆盖白粉层，犹如婴儿手指而得名。喜欢充足的阳光，耐旱、耐寒。夏季高温休眠，需遮阴、控水。其他季节均可全日照。种植选用疏松透气的土壤为宜。叶插、扦插繁殖皆可。

62. 魅惑之宵

科属：景天科石莲花属
原生地：墨西哥
品种特性：东云系的热门品种，又名口红。长三角形的叶片坚硬敦实，背面有棱线，呈莲花座状密集排列。在温差大、阳光好的季节，叶尖易现鲜红色。火焰般的红色与深沉的绿色同存在一片叶子上，十分惹人注目。喜阳、怕阴、耐旱、耐寒，属于非常皮实的品种。繁殖方式主要是叶插与扦插。

养护难度：★★★
光照需求：★★★★
繁殖系数：★★★★

63. 卡罗拉

科属：景天科石莲花属

原生地：墨西哥

品种特性：吉娃娃的近亲，但叶片更大且更厚实。在秋季，叶尖红边的范围也更大。养护方式和一般景天科多肉相同。生长季节可接受全日照，夏季需要遮阴、控水直至温度下降到30℃以内，之后才可逐渐加大浇水量。喜欢疏松、透气的营养土。繁殖方式主要以叶插与扦插为主。

养护难度：★★★
光照需求：★★★★
繁殖系数：★★★★

养护难度：★★★
光照需求：★★★★
繁殖系数：★★★★

64. 秋丽

科属：景天科风车草属

原生地：不详

品种特性：最常见的风车草属品种之一。叶片细长，表面有白粉层，无短绒毛。喜欢光照充足、通风干燥的环境。缺少光照时，叶片间距变大，叶片变长变扁。秋季阳光充足时，叶片会呈现粉紫色，夏季休眠时则褪成青绿色。春季开出黄色小花，建议剪去花箭，以免消耗过多养分。养护难度较低，除夏季外，其余季节均可全日照。生长速度较快，也很容易群生，叶插成功率高。

65. 球松

科属：景天科景天属

原生地：非洲

品种特性：又名小松绿，呈绿色球状群生。叶形针状。易木质化，用于制作多肉植物小盆景十分适合。喜阳光，耐半阴，耐干旱，怕积水。不可长时间强光暴晒，否则容易流失过多水分，造成植株干枯萎缩。夏季休眠需断水、遮阴。春秋生长季节可剪下带头的枝条，晾干伤口后插入土中繁殖。

养护难度：★★★
光照需求：★★
繁殖系数：★★

养护难度：★★
光照需求：★★★★
繁殖系数：★★★

66. 红叶祭

科属：景天科青锁龙属

原生地：不详

品种特性：红叶祭为赤鬼城与火祭的杂交品种，叶片相较火祭更窄更长。株型较小，易群生。全年大部分时间的颜色都为深红色，秋季温差大时更是艳丽无比。叶缘有一层短绒毛。喜欢阳光充足、温暖通风的环境。夏季短暂休眠，冬季温度低于5℃时停止生长。繁殖方式以扦插与侧芽分株为主。

67. 仙女杯

养护难度：★★★★
光照需求：★★★★
繁殖系数：★★

科属：景天科仙女杯属

原生地：墨西哥

品种特性：属大型多肉品种，多年生植株的直径可达 30 厘米以上。叶片为长三角形，表面覆盖厚厚的白粉层，细看还可发现叶片上有凹凸的长条纹路，呈莲花座状生长。缺少光照时，白粉层会变淡，叶片变长、下垂，颜色变得黯淡无光，绝不建议放置室内养护。幼苗时叶插成功率较高，但成株后叶插成功率较低，故繁殖方式一般以扦插为主。

养护难度：★★★
光照需求：★★
繁殖系数：★★★

68. 姬玉露

科属：百合科十二卷属

原生地：南非

品种特性：属于小型的玉露品种，成株一般 1 元硬币那么大。在春秋两季生长侧芽。夏季高温处于半休眠状态，应减少浇水量，加强通风，早晚可喷雾降温。冬季温度低于 5℃就进入休眠状态，应当停水保护。低于 0℃以下即容易造成冻伤、冻死，是一种怕冷不怕热的品种。全年避免阳光长时间直射，强光会造成姬玉露颜色变灰、变暗，失去水润的外表。耐旱，怕积水，所以建议使用全颗粒营养土种植。生长过程中根系会释放出酸性物质，影响土壤环境，因此每年需换盆换土一次。繁殖方式可叶插，也可扦插。

69. 千代田之松

科属：景天科厚叶草属
原生地：墨西哥
品种特性：属小型多肉植物。叶片绿色，短小肥厚，有浅浅的纹路，乍看好像被人用小刀雕琢过表面一样。喜欢阳光充足、通风良好的种植环境，耐半阴，生长速度慢。繁殖方式以叶插和扦插为主。

养护难度：★★★
光照需求：★★★
繁殖系数：★★★

70. 蓝豆

养护难度：★★★
光照需求：★★★★
繁殖系数：★★★

科属：景天科风车草属
原生地：墨西哥
品种特性：属小型多肉品种，一般单个莲座直径在 2 厘米左右。光照充足时，颜色呈现淡淡的蓝色，光线不足时则颜色偏绿。叶片表面覆盖白粉层，叶尖呈深褐色，短小聚拢。开出的花朵为红白相间。喜欢充足的光照，除了夏季之外皆可全日照。叶插与扦插繁殖皆可。

71. 千佛手

科属：景天科景天属

原生地：墨西哥

品种特性：叶子肥厚，呈圆润的锥形。生长形态非常密集，几乎是一片紧挨着一片生长。表面覆盖白粉层。光照充足时，叶尖变红，光照不足时颜色变绿。生长速度快，无明显休眠季节。千佛手属于比较容易滋生介壳虫的品种，因此春夏两季要特别注意观察叶片上有无微小的白色虫子。叶插、扦插繁殖皆可。

养护难度：★★
光照需求：★★★★
繁殖系数：★★★★

72. 明镜

养护难度：★★★
光照需求：★★★
繁殖系数：★★

科属：景天科莲花掌属

原生地：非洲西部

品种特性：属于大型多肉品种。叶片绿色，边缘有绒毛。叶片全部由中心向周围辐射生长，使整个叶盘平齐如镜。和子持莲华一样一开花就死亡，因此建议一旦发现有开出花箭的势头直接摘除，以保证植株存活。夏季休眠可完全断水，并避免阳光直射。繁殖方式以扦插为主，叶插成功率较低。

73. 巴

科属：景天科青锁龙属

原生地：不详

品种特性：叶片边缘有密集的短绒毛，表面有褐色斑纹，呈十字形排列，密集紧凑。喜阳，耐旱，不耐阴。过阴环境里只要几天时间就可以造成徒长，严重影响品相。春秋生长季节可以全日照。冬季低于5℃应控水。花开白色，异化授粉。繁殖方式以扦插和叶插为主。

养护难度：★★★
光照需求：★★★★
繁殖系数：★★★

74. 乒乓福娘

科属：景天科银波锦属

原生地：非洲西部

品种特性：叶片椭圆形，表面覆盖白粉层。在光照充足的秋季，叶尖颜色会变成粉红色。易群生，喜欢温暖、通风的环境，忌阴湿。生长季节可全日照，夏季需遮阴、控水。冬季低于5℃停止生长，需保持盆土干燥直到气温回升。繁殖方式以扦插为主，不可叶插。

养护难度：★★
光照需求：★★★★
繁殖系数：★★

养护难度：★★
光照需求：★★★★
繁殖系数：★★★★★

75. 子持莲华

科属：景天科瓦松属
原生地：亚洲
品种特性：图中的子持莲华处休眠状态，紧闭的叶片使它们像一朵朵玫瑰一样挨在一起，十分可爱，子持莲华也是少数休眠期比生长期好看的品种。生长期的子持莲华张开了叶片，叶片不再紧凑。繁殖能力十分惊人，春末夏初的时候更是疯狂地生出小侧芽。喜阳，夏季高温需注意遮阳，但依旧需要充足的散射光，光线不足时叶片拉长、下垂。冬季休眠时，叶片闭合，此时就可停止浇水直到叶片重新打开为止。其他季节可 7 ~ 10 天浇水一次。繁殖方式一般以分株为主。

76. 青影

科属：景天科石莲花属
原生地：墨西哥
品种特性：叶片颜色介于蓝色与绿色之间，表面覆盖白粉层，呈莲花座状排列。光照充足时，叶片更密集聚拢；缺光时，叶片稀疏下垂，颜色变绿。生长速度快，耐半阴，耐旱，不耐寒，冬季低温需注意控水。叶插与扦插为主要繁殖方式。

养护难度：★★★
光照需求：★★★
繁殖系数：★★★★

77. 茜之塔

养护难度：★★
光照需求：★★★★
繁殖系数：★★★★

科属：景天科青锁龙属

原生地：南非

品种特性：属小型多肉品种。单层叶片数量一般为 4 片，俯视之下像个四角星，呈层叠状生长。叶片边缘覆盖短绒毛。昼夜温差大并且阳光充足的季节，叶片变为深红色。夏季休眠，需遮强光，减少浇水。冬季 5 ~ 10℃即可安全过冬，低于 5℃建议停水。极易生侧芽，繁殖方式通常以分株为主。

养护难度：★
光照需求：★★★★★
繁殖系数：★★★★★

78. 不死鸟锦

科属：景天科伽蓝菜属

原生地：马达加斯加

品种特性：不死鸟锦为不死鸟的颜色变异种，习性与不死鸟相当，又名落地生根。叶片呈长勺子状生长，叶片有粉红色锦边，光照充足时比较艳丽。喜欢温暖、湿润且阳光充足的环境，耐旱、耐寒、耐强光直射。肉如其名，不死鸟锦不容易死亡，极其强壮、皮实，繁殖速度更是惊人。一片叶子落在土面上，短时间内就可在叶缘一圈生出数个小头。

79. 广寒宫

科属：景天科石莲花属
原生地：墨西哥
品种特性：为石莲花属中的中型品种。叶片为长桃心形，表面光滑并覆盖着较厚的白粉层。在光照条件理想的情况下，叶缘会有红色描边。生长速度缓慢，春秋两季为生长季节，夏季休眠。浇水遵循“干透浇水”的原则，注意水不要直接浇在叶片上，以免冲淡白粉层，影响品相。

养护难度：★★★
光照需求：★★★★
繁殖系数：★★★★

养护难度：★★
光照需求：★★★
繁殖系数：★★★★

80. 滇石莲

科属：景天科石莲花属
原生地：中国云南
品种特性：属于小型多肉品种，也是最被大众熟知的国产品种。通体深褐色。叶片细小，像个迷你的小刺猬。喜欢光照充足的环境，耐半阴，相对其他多肉来说比较不容易徒长。极易群生，个头虽小，但叶插的成功率非常高。用手轻轻揉搓下叶片并撒于土面，放置于半阴环境中很快就会生根发芽。

二、百合科

在家族庞大的百合科中，目前最被花友所熟知的就是其十二卷属，各类玉露与寿的吸引力丝毫不亚于景天科。日本园艺界的十二卷属杂交品种更是美轮美奂，在各种拍卖会上常拍出惊人的价格。该属虽然生长速度慢，但是照顾难度并不高。另外，根据多肉匠的观察，喜欢十二卷属多肉的花友以男性居多，也许是因为它有着更深沉低调的美吧。

1. 毛玉露

养护难度：★★★
光照需求：★★
繁殖系数：★★★

科属：百合科十二卷属
原生地：南非
品种特性：叶片表面覆盖稀疏的毛刺，故名毛玉露。形态上虽没有普通玉露那种晶莹剔透的温润感，但这种粗犷野性的外表也很值得细细把玩。生长速度缓慢，喜欢温暖湿润的养护环境，毛的疏密与光线有一定关系。建议选用综合的全颗粒成分营养土种植。避开强光直射，同时不可过阴养护。冬季低温断水，直到气温回升。虽然毛玉露也比较容易种植，但价格较高，建议有一定养护经验时再入手种植。

2. 三角琉璃莲

科属：百合科十二卷属
原生地：南非
品种特性：属小型多肉品种。叶片呈微微透明的翠绿色，叶边缘有细毛。叶片接受强光照射后容易变灰变干，失去水嫩的质感。光照过长还容易徒长，故种植时应该经常观察植物状态，调整摆放位置。耐阴、耐旱，喜欢疏松透气的土壤，极易群生，繁殖一般以分株为主。

养护难度：★
光照需求：★★
繁殖系数：★★★

3. 索马里芦荟

养护难度：★★
光照需求：★★★
繁殖系数：★★★

科属：百合科十二卷属
原生地：不详
品种特性：属于大中型多肉品种，成株的直径可达 25 厘米。叶片呈长三角形，深绿色的表面有较短的软刺与白色斑纹。春末夏初时会开出淡粉色的花。最适生长温度为 5 ~ 30℃，超过这个温度范围就要注意控水，甚至停水。夏季避免正午阳光暴晒，其他季节均可全日照。病虫害较少，属于可粗放养护的品种。繁殖方式以扦插为主。

养护难度：★★★
光照需求：★★★
繁殖系数：★★★

4. 玉扇

科属：百合科十二卷属
原生地：南非
品种特性：叶片直立，对生，排列于两方，呈扇形；顶部呈截面状，从上方看上去就像有人用刀子切过一样。半透明的叶片顶部可以隐约看见不规则的纹路。和其他十二卷属的多肉一样，玉扇有着强健的根系，十分耐旱，长时间不浇水依旧可以维持生命，只是叶片会变得干瘪塌陷。喜欢温暖湿润的环境，不可长时间强光暴晒，冬季低温时注意断水。叶插、扦插繁殖皆可。

5. 白斑玉露

科属：百合科十二卷属
原生地：南非
品种特性：又名水晶白玉露，属玉露的斑锦变异品种，冠幅可达 10 厘米左右，易群生。叶片从底部至叶尖逐渐呈透明状，并覆盖白色斑纹。叶片较同属的普通玉露更长，有毛尖。建议选用全颗粒成分营养土种植。避开强光直射，同时不可过阴养护。叶插或扦插繁殖皆可。

养护难度：★★★
光照需求：★★
繁殖系数：★★★

6. 草玉露

科属：百合科十二卷属
原生地：南非
品种特性：小型十二卷属品种，单头冠幅通常为 2 ~ 3 厘米。耐阴，耐旱，不耐强光。根系发达，生长速度快，易群生。适应中国南方气候，夏季高温期短暂休眠，春秋为生长旺季，虫害与病害都较少。繁殖速度快，成活率高，是新手入手十二卷属植物的必备品种。叶插或扦插繁殖皆可。

养护难度：★
光照需求：★★
繁殖系数：★★★★

7. 京之华锦

科属：百合科十二卷属

原生地：南非

品种特性：叶片形状为扁平长三角形，呈莲花座状生长。通常一棵植株上部分叶片带锦，部分叶片绿色。易生侧芽，生长速度快。值得注意的是，如出现全锦的小苗，切勿单独分株种植，成活率很低。一般采用侧芽分株的方式繁殖，叶插成功率较低。

养护难度：★
光照需求：★★
繁殖系数：★★★

8. 龙鳞

科属：百合科十二卷属

原生地：南非

品种特性：又名蛇皮掌。叶片较厚，形状接近长三角形，表面有不规则的鳞片状纹路。养护环境光线充足时，叶片会微微泛红。耐高温，耐旱，不耐寒。喜欢透气的土壤环境，建议使用全颗粒营养土种植。生长季节需保持一定的空气湿度，能避免叶片变干萎缩。叶插或扦插繁殖皆可。

养护难度：★★★
光照需求：★★★
繁殖系数：★★★

9. 日月潭

科属：百合科十二卷属

原生地：南非

品种特性：漂亮通透的叶窗，细腻自然的纹路，敦实矮胖的株型，实属非常美丽的十二卷属品种。缺水时，叶窗会轻微塌陷，但依旧硬实；水分充足时，叶片则重新恢复饱满。春秋季节可全日照，会晒出漂亮的淡褐色。叶插或扦插繁殖皆可。

养护难度：★★★
光照需求：★★★
繁殖系数：★★

10. 魔王玉露

科属：百合科十二卷属

原生地：南非

品种特性：属大型玉露品种，成株直径可以达到 20 厘米，这在玉露中是非常惊人的尺寸。叶片的形状并不那么圆润，这一点和京之华锦非常相似。新叶呈嫩绿色，老叶则会逐渐变成褐色。喜欢阳光充足的环境，过低光照易徒长。夏季短暂休眠，需控水，并避开强光直射。叶插或扦插繁殖皆可。

养护难度：★★
光照需求：★★★
繁殖系数：★★

11. 万象

养护难度：★★★
光照需求：★★★
繁殖系数：★

科属：百合科十二卷属
原生地：南非
品种特性：生长非常缓慢，一年就长几片新叶。从小苗到成株至少需要3～5年时间，所以市面上较不常见，价格也比较高，属于中高端多肉玩家会入手的品种。然而，养护起来并不会太难，使用疏松透气的土壤，半阴养护即可，偶尔阳光直射也无大碍。繁殖方式以叶插或扦插为主。

三、番杏科

番杏科的多肉将近2000种，其中大部分的原产地为南非。含水量非常高，很多番杏科品种在南非当地被当作水果食用。“矮墩”是这科植物的关键词，最被中国玩家所熟知的代表品种非生石花莫属。

1. 五十铃玉

养护难度：★★★★
光照需求：★★★★
繁殖系数：★★

科属：番杏科棒叶花属
原生地：南非
品种特性：外形肥美圆润，通体翠绿色。圆柱状的叶子在顶部有半透明的小窗。光线充足时，叶片竖起生长；光线不足时，叶片会弯曲向光线强的地方。缺水时，叶片会出现明显塌陷的皱纹。喜欢温暖、干燥的环境，冬季温度低于5℃时即进入休眠状态，需要停水直至温度回升。繁殖方式以播种和分株为主。

养护难度：★★
光照需求：★★★
繁殖系数：★★★

2. 鹿角海棠

科属：番杏科鹿角海棠属
原生地：南非
品种特性：从顶部看，鹿角海棠的叶片呈十字状生长。叶片绿色，形状接近三角棱形。喜阳，光线充足时叶片饱满紧凑。喜欢温暖、干燥的环境。不耐寒、不耐旱。叶片缺水时会明显萎缩起皱，浇水后在1～2天内恢复饱满。繁殖方式主要以扦插为主。

3. 红爪菊

科属：番杏科覆盆花属

原生地：南非

品种特性：成株呈灌木状，易群生。叶片为棒槌状，覆盖白粉，棱角处有红色软尖，故名红爪菊。生长速度快，茎秆强壮易木质化。喜阳，不耐旱。光照较差时叶片拉长、下垂，叶尖变绿，叶片间距拉大。夏季短暂休眠，冬季 5℃以上可正常生长。

养护难度：★★★
光照需求：★★★★
繁殖系数：★★★

四、大戟科

大戟科大约包含300个属，5000多个品种，分布于热带与亚热带地区，中国引进的品种近500种。多数大戟科植物的汁液是有毒的，目前已知的最毒的植物就是隶属大戟科的好望角毒漆。因此，家庭种养中要注意切勿直接接触大戟科植物的汁液。

1. 布纹球

科属：大戟科大戟属

原生地：南非

品种特性：呈小圆球状生长的布纹球，是大戟科中为数不多的圆形品种。无叶无刺，绿色，表面有呈棱形分布的小突起，同时还覆盖着相对规则的淡褐色纹路。光线充足时，球体颜色微微发灰。喜欢阳光充足的环境，十分耐旱。建议使用颗粒成分多的营养土。播种繁殖。

养护难度：★★★
光照需求：★★★★
繁殖系数：★

2. 膨珊瑚

科属：大戟科大戟属

原生地：南非

品种特性：呈绿色棍状生长，成株群生状态十分像海里的珊瑚。只在顶端生出较小的叶片，易生侧枝。喜欢温暖，阳光充足的环境，10 ~ 30℃为理想生长温度。耐旱，不耐阴，缺乏阳光照射的植株往往又细又长，颜色灰暗。植物有伤口时会流出奶白色液体。繁殖方式以扦插为主，发根成功率高，属于较易繁殖的品种。

养护难度：★★
光照需求：★★★★
繁殖系数：★★★★

五、龙舌兰科

龙舌兰科约有20属，600个品种。主要分布在热带与亚热带地区，中国也有少量原生品种，主要集中于较热的南方。通常叶片坚硬，边缘或叶尖有硬刺。喜欢温暖干燥的土壤环境，不耐寒冷。体型大都以中大型为主，适合家庭养护的品种较少。

1. 王妃雷神锦

科属：龙舌兰科龙舌兰属

原生地：墨西哥

品种特性：小型龙舌兰品种。叶片厚实，顶部有短硬刺。喜阳，耐旱，耐高温。除夏季外，其他季节均可全日照露养。由于其生长缓慢，浇水不用太过频繁，掌握“不干不浇，宁干勿湿”的原则即可。特别是在冬季低温休眠时，可断水直至气温回升。主要为分株及播种繁殖。

养护难度：★★
光照需求：★★★★★
繁殖系数：★★★

2. 笹之雪

养护难度：★★★
光照需求：★★★★
繁殖系数：★★★

科属：龙舌兰科龙血树属

原生地：墨西哥

品种特性：也称维多利亚女王、皇后龙舌兰，属大型多肉品种，最大直径可达 40 厘米以上。叶片坚硬而细长，表面有白色条纹，叶尖带有坚硬的刺。植株开花结出种子之后便枯萎死亡。生长速度慢，但十分强壮，养护起来相对较容易，连续数月不浇水都可成活。喜欢高温高湿环境，低温季节应做到严格断水。繁殖方式以分株为主。

六、马齿苋科

马齿苋科约有 19 属，近 600 个品种。产地主要为南美，在中国也有分布。很多马齿苋科的多肉植物都用来制药，而其中的回欢草属、长寿城属等的很多品种则被引入中国作为园艺观赏品种。

1. 吹雪之松锦

养护难度：★★★
光照需求：★★★★
繁殖系数：★★★

科属：马齿苋科回欢草属
原生地：纳米比亚
品种特性：属于小型多肉品种，一般成株在 5 厘米左右。叶片正面呈绿色，边缘与底部则呈紫红色。生长点中心会有丝状物。耐旱、耐高温，除夏季高温季节以外，其他季节均可全日照。繁殖方式为叶插或扦插。

2. 金钱木

养护难度：★★
光照需求：★★
繁殖系数：★★★

科属：马齿苋科马齿苋属
原生地：坦桑尼亚
品种特性：粗粗的枝干上生有常年都是嫩绿色的叶片，排列以及形状如同一串串的铜钱。喜欢湿度大、温度高的环境，不可强光暴晒，否则叶片会因水分流失过快而干枯掉落。比较耐阴，不耐寒。生长适宜温度为 10 ~ 30℃，超过这个温度范围就应适当控水。冬季低温应断水至温度回升。建议扦插繁殖。

第三章 种养多肉植物

一、种植前的准备工作

1. 从认识培养土开始

多肉植物喜欢疏松透气的土壤环境。保水性过差的土壤，浇水之后其中水分挥发过快，无法提供足够的水分供给，长此以往，多肉越长越瘦，怎么也长不大；而若使用保水性过好的土壤，容易在浇水后使盆内积水长时间无法挥发，导致植物根系腐烂或者细菌滋生后产生各种病害。如何选择市面上的营养土成了新手们的第一个棘手的问题。营养土的透气性、保水性以及养分结构，与植物品相、浇水频率、病害的发生概率都有着紧密的关系。而在这个环节一旦犯了错误，接下来所有精心的照顾都将是事倍功半。那么就让我们从了解不同种类的营养土开始。

（1）泥炭土

最容易购买到的花土之一，产于沼泽地中，由死亡的植物常年堆积分解后形成。含有丰富的腐殖酸与纤维。

优点：持水能力强。

缺点：一旦完全干透，重新浇水的时候持水能力就会变得很差。

（2）赤玉土

产于日本的一种高通透性的火山泥，pH 值呈微酸性。颜色呈现深黄色，有很好的透气性。通常用作土壤中的颗粒元素与其他介质混合使用。也因为赤玉土的颜色自然，可以当做装饰用的铺面石头。大颗粒的赤玉土还可以当做花盆底部的透气垫底层。

优点：介质成分纯净，结构透气吸水。

缺点：容易出现粉化的情况。

（3）鹿沼土

同样是产于日本的一种火山岩，性质与赤玉土基本相同，颜色相对赤玉土来说更白一些，两种土可以互相替代使用。

优点：硬度高、透气性好。

缺点：土质较轻，用于铺面时容易被风吹得到处都是，且持水能力相对较差。

（4）稻壳炭

稻壳炭是稻壳不完全燃烧后的产物。呈碱性，可以增加土壤温度，保护植物根系在冬季不受冻害。

优点：有着极好的吸附性，能保水透气、疏松土壤，可促进钾、氮、磷等营养元素的储存，帮助维持酸碱平衡。

缺点：不可在给十二卷属多肉使用的营养土中添加过多，因碱性过高的土壤不利于十二卷属多肉生长。

（5）蛭石

石如其名，是一种极易吸收水分的材质，类似海绵的质感，质量也非常轻。十分适合用于播种育苗与砍头后发根的一种介质。

优点：透气保水，无菌。

缺点：无营养，容易粉化分解。

（6）轻石

又叫浮石，是硬度相对较高的一种火山岩，表面有较多小气孔。小颗粒的轻石可以当做土壤疏松剂。

优点：气孔结构，透气隔水，适合做花盆底部的透气层。

缺点：多肉匠用过的轻石总会在多次浇水之后出现表面焦黄的现象，故用作装饰石的时候影响美观。价格相对较高。

（7）椰糠

椰糠是椰子外壳纤维。通常加工成块状，使用前需要泡水让其膨胀后才可使用。相对于泥炭土，杂质更少，也被认为是泥炭土的最佳替代品。

优点：有着很好的保水性，可以充分保持水分和养分。

缺点：不含营养成分。

（8）干水苔

一种经风干处理的苔藓制品。浇水后水分挥发较快。无水的时候体积较轻，十分适合用来发根，是多肉植物造景用土第一选择。

优点：结构干净，通常买到的进口水苔都是经过杀菌处理的。

缺点：无营养，价格较高。

（9）河沙

沉积在河床底部的沙子，不是海里的沙子（海沙含有大量盐分，不宜用作种植多肉植物）。

优点：保水。

缺点：质量比较重，多次浇水之后容易与其他营养土分离，沉积到盆底影响排水透气，所以在配土中的比例不宜太大。另外，河沙铺面的时候如果经过长时间暴晒会积蓄很高的温度。

（10）煤渣

煤燃烧后剩下的废渣。煤渣在使用之前要先压碎，筛除粉末，并冲洗去掉多余盐分。

优点：结构透气，价格低廉。

缺点：需要经过筛粉与冲洗才可使用。

（11）陶粒

人工高温煅烧出来的介质，一般为暗红色颗粒。内部结构呈细密蜂窝状的小孔，互相之间不连通，所以陶粒的吸水性较差。

优点：价格低廉，质量较轻，透气隔水，适合作为盆底隔离用土。

缺点：外形不美观，不适宜做铺面。

(12) 木炭粒

天然的土壤调节剂，与其他植料混合在一起的时候可以帮助调节土壤的酸碱度，并增加土壤的含氧量。良好的吸附性可以使肥料以及药剂缓慢释放。

优点：可提高植物抗逆性，帮助预防烂根。

缺点：在土壤中添加过多容易导致土壤碱性过高。建议比例不超过 10%。

介绍了基本的培养土种类，那么我们应该如何混合配比自己所需要的营养土呢？因为地域不同，身边可供获取的植料品种限制，各自不同的养护习惯，浇水频率等，令不同的花友有不同的营养土配方。这是一个慢慢调试的过程，所有的配比都没有严格的规定，可以根据不同的需要进行增减。多肉匠家的营养土就一直在变换比例以适应当地的环境。还有一点，没有一种固定的配方可以种植所有多肉品种。通常我们会按照植物科属的不同来配置不同的植料。

2. 景天科的配土要求

种植营养土：河沙（20%）+ 泥炭土（20%）+ 珍珠岩（20%）+ 蛭石（10%）+ 赤玉土（20%）+ 稻壳炭（10%），另混入少量缓释肥与多菌灵。

蛭石与泥炭土是作为根系抓土的主要成分与营养的传递储存介质。珍珠岩与赤玉土用于提高土壤整体透气性和疏水性，避免无法被吸收的水分长时间积累令根系腐烂。河沙在使用之前最好清洗一下，以去掉杂物与泥土。稻壳炭可增加肥效，并调节土质。混入多肉植物专属缓释肥，可保证氮磷钾等营养元素的充足。多菌灵用于给土壤杀菌，一般微微撒一些粉末混在土里就可以了。当然，也可以采用阳光暴晒，丢进微波炉高温加热，或高锰酸钾消毒法等对土壤进行杀菌。但除了播种土以外一般性的种植营养土大可不必苛求杀菌这一步。

泥炭土也可以等比换成更环保的椰糠。泥炭土属于不可再生资源，长期开采对环境破坏严重，而椰糠只是椰子加工过程中的副产物或废弃物。珍珠岩与赤玉土属于颗粒植料，珍珠岩与后者的区别在于它几乎不吸收水分，并且质量很轻，经过反复浇水后，会上浮到土壤表面。同时，珍珠岩价格便宜，由于重量较轻，通过网络采购的运输成本也相对较低。赤玉土的孔隙结构更有利于根系的攀附，在调节水分的作用上也比珍珠岩更优秀。上文说过，配土的比例是灵活的，因此大家可以根据当地的气候与自身种养环境进行调节。像多肉匠所在的城市——福州，在每年长达 3 个月的炎热夏季中，若土壤中的纤维成分占比过多，盆内积水时间一长，就会令多肉纷纷黑腐烂根而死，而解决的办法就是加大颗粒土的比例，如可以把泥炭土或者椰糠的比例降到 20%，甚至更低。当然，到了生长季的时候，对于这类高颗粒含量的营养土，浇水频率也要高一些，否则植物容易生长缓慢。不同的气候环境也对配土有影响，如北方气候干燥，水分挥发比南方要来得快，建议纤维成分保持在 30% 左右。

小\贴\士

可以观察浇水之后，水是否迅速从土面渗透来判断土壤透气性。如果在 5 秒内可渗透下沉则可视为该土壤透气性良好。

3. 百合科的配土要求

种植营养土：赤玉土（30%）+ 轻石（30%）+ 鹿沼土（30%）+ 泥炭土（5%）+ 稻壳炭（5%），另混入少量缓释肥与多菌灵。

百合科的根系虽然较为强壮，相对景天科来说相对不易干枯，但它们十分惧怕积水与土壤长时间过湿。特别是有伤口的时候，更容易被细菌入侵。所以在配土的时候要更加注重透气性，故赤玉土、轻石、鹿沼土都选用 3 ~ 6 毫米规格。泥炭土主要用于提供氮源以及起到保水作用，根据不同的环境因素可以适当调节泥炭土的比重。稻壳炭是土壤改良剂，能提高植物抗逆性。

小 \ 贴 \ 士

配土之前先筛除粉末，可以进一步增加土壤的透气性。

4. 仙人掌科的配土要求

种植营养土：煤渣（30%）+轻石（20%）+河沙（30%）+骨粉或贝壳粉（10%），另混入少量缓释肥与多菌灵。

一般的仙人掌科植物对土壤的要求并不苛刻，配土时遵循疏松透气的原则即可。煤渣含有钾肥和丰富的微量元素，但使用前需先筛除粉末，留下颗粒。沙子选用较大颗粒的河沙为好，千万不要使用海沙，否则容易造成土壤盐分过高而伤害根系。轻石是几乎万用的疏水材质，选用3～6毫米规格即可。骨粉中含有丰富的矿物质，以及钙、磷、钾等元素，保障土壤的营养。

5. 番杏科的配土要求

种植营养土：赤玉土（30%）+鹿沼土（30%）+轻石（30%）+泥炭土（5%）+稻壳炭（5%），另混入少量缓释肥与多菌灵。

番杏科的配土比例介于景天科与百合科之间，其泥炭含量非常低，这样做的好处是浇水之后，水分能更快挥发，在夏季休眠以及蜕皮控水期间可以降低因为积水造成的植株死亡率。另外，赤玉土与鹿沼土都有一定的持水作用，不用担心生长季节的水分供应。轻石几乎不吸收水分，在土壤中帮助植株透气。以上这些颗粒都选用 1 ~ 3 毫米规格。如果是小苗则加大泥炭土比例，减少轻石比例。

其实，各科属的多肉的配土比例不用太严格，如果身边还有其他颗粒植料也可以加入。和人一样，食物要多元化才能吸收多种微量元素，只要记住在使用前需做好杀菌工作即可。另外，除了以上这些配比以外，市面上也可以买到称之为“虹彩石”的多肉专用土，怕麻烦的朋友可以直接购买使用。

6. 给肉肉选个家

新手喜欢问的几个问题当中，其实没有包括应该选用什么样的花盆。大都仅根据盆子的外形颜色来挑选能入眼的容器。但实际上花盆是否带孔，材质透气程度甚至颜色，都对多肉植物的养护有着重要的影响。通常看一个养护者是新手还是老手，看他选用什么样的花盆种什么样的品种就能略知一二。

（1）红陶盆

一直以来红陶盆都是种植各种盆栽的首选，它表面粗糙，内部有微小的细孔，有着强大的吸水透气性，浸水后可以明显看到盆体颜色由浅变深；若置于通风处，就可在极短的时间内风干。常年湿度较高的南方，使用红陶盆可以有效降低烂根的风险，只是需要注意搭配的营养土应最好选择纤维比例相对较高的植料，以免红陶盆的高透气性导致盆内水分流失过快造成植物缺水。

小\贴\士

使用红陶盆之前建议提前用滴入白醋的水浸泡 10 分钟，以中和红陶的碱性。

由于多肉植物市场的火爆，带动了花盆产商的兴起。红陶盆的造型也从单一的国际盆，发展成各种极具创意的造型。

（2）塑料盆

虽然在外观与质感上塑料盆总给人一种大棚生产专用的感觉，但在专业玩家的阳台你会发现它才是最实用可靠的花盆。花友们口中的“小黑方”——方形的黑色塑料盆，价格低廉，质量轻，易于运输存放，方形的形状可以让你尽可能地利用有限的阳台空间。市面上不同的生产商的产品的质量参差不齐，耐用性也有很大的差别，购买时询问卖家重量是个简单的对比方法。

（3）万象盆

相对小黑方来说，更厚更高。通常用于种植需要深盆的十二卷属与块根类的多肉品种。

（4）陶瓷盆

这里的陶瓷盆指的是有上釉的陶瓷盆，表面光滑但不透气。也因为中国是个陶瓷大国，这类花盆的造型尤为丰富。最常见的白瓷花盆，因其简单素雅的外表可以用来承托多肉植物千变万化的颜色，在种植者当中十分受欢迎。

但建议还是首选底部有孔的花盆种植多肉，因为无孔花器更加考验种植者的浇水功力。如果你实在喜欢某一款无孔陶瓷盆，那么请在花盆底部使用大颗粒的轻石或陶粒做隔离层，以减少烂根的风险。

在陶瓷盆底部使用大颗粒的轻石或陶粒做隔离层

（5）水泥盆

水泥是一种非常重的材料，有着极强的可塑性，可以模拟出以假乱真的石头材质效果。同时，还拥有与红陶媲美的透气性。从外观上来说这是多肉匠最喜欢的材质之一。

（6）玻璃盆

易碎是它最大的问题，另外绝大部分的玻璃花盆底部都是没有孔的，所以种植起来有一定的难度。建议搭配颗粒含量较高的营养土种植，并且底部一定要用陶粒或者轻石做隔离层。

7. 置办装备

（8）小标签

很多多肉的外形差别十分细微，在标签上写上名字、科属等信息，方便后期的养护识别。

（9）报纸

垫在桌面上，方便清理种植过程中漏出的营养土。

“工欲善其事，必先利其器”。种植是个技术活，配齐一套顺手的工具可以带来极大的便利，同时也让整个种植过程充满乐趣。

（11）喷壶
适用于喜欢高湿度的多肉。早晚阳光不直射的时候，搭配风扇喷一些水雾也是一个非常实用的降温小技巧。另外，喷洒杀菌剂或者杀虫药的时候也能用得到。
（5）气吹
吹掉叶片上的灰尘以及浇水后留下的水珠，好用不伤肉。
（3）细口浇水壶
生长密集的多肉盆栽最需要的浇水神器。如果身边没有，可以用吸管和矿泉水瓶自己制作一个。
迷你铲
定植必不可少的工具。
（10）毛刷
清理多肉表面的灰尘与杂物。但有粉的多肉不建议使用刷子。
（2）镊子
夹取叶片间隙的杂物与害虫。或种植个头特别小的多肉时，还可用来代替铲子。

二、种植进行时

1. 植物的修根

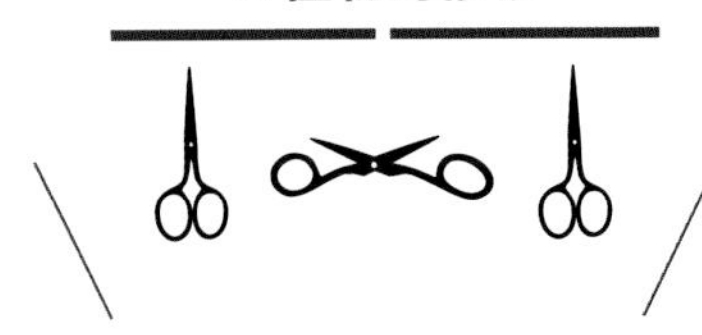

无论你手上的多肉是刚刚网购来的，还是从旧盆中移出来的，从旧土中分离出的根系，通常老化且没有活性，留着这些根系也是无法吸收养分，并且万一浇水频率高了，这些老根也容易腐烂感染，威胁到植株的健康。因此，修根就成了一道重要的程序，修剪掉颜色较深且干枯变细的根系，待伤口晾干后才可以再移到新的土壤中。

修根首先要离土。第一步就是把植物从营养土中剥离出来。这里选用一个种在塑料花盆内的鲁氏石莲作为示范。

① 挖出前先用手从不同的方向挤压花盆，让营养土松动，并与花盆之间产生空隙，方便取出植株。如果花盆比较硬可以用铲子插入盆子的边缘松土。

② 从盆中取出植物后，把旧的营养土清理干净。

③ 清理至只留下植物根部。

④ 除去干枯的旧叶。

⑤ 用剪刀剪下较细、颜色较深、较无弹性的须根。

⑥ 手边没有剪刀的话也可以用手摘除老根。

最后呈现出如图的效果就可以了。

修根时要注意，如果你是翻盆修根，需在土壤干燥的情况下让植物离土，且留下粗壮的主根即可，一般的细根都可以修掉。另外，粗壮的主根也可能有坏死或者萎缩干瘪的部分，如果发现，应该及时切除！

刚修剪完的根系伤口还没有结疤愈合，马上种下去容易造成感染。这时应该把植物放置于通风、有散射光的地方晾晒伤口。伤口越大，晾的时间越长。只要植物本身没有过分虚弱，晾上一整周都基本没有问题；如果植株健康强壮，晾个十天半个月也可以。如果遇到梅雨天气，或者环境湿度较大时，那么晾根的时间也要适当延长，不用过于担心多肉会干死。多肉植物离土十天半个月是没问题的，只要晾晒过程中不要被阳光直射就好。

晾干伤口的同时，由于植物自身的应激反应，多肉会开始分泌能促进新根系生长的激素，以激发新根生成。

小\贴\士

修根之后用多菌灵涂抹伤口可有效降低细菌感染的概率。

2. 种植过程分解步骤

一切就绪，就可以开始动手种植啦！

①在花盆底部出水孔处垫上纱网，避免营养土从孔隙中漏出。

②用筒铲倒入盆底石（大颗粒的轻石或者陶粒都可以）。

③倒入种植用的营养土，先倒大约花盆容量的一半即可。

④ 如果是拼盘的话，搭配不同颜色与高度的多肉效果更好。种下去之前可以放在盆里先摆一摆，看看搭配效果。

⑤ 按照从高到低的顺序依次种下多肉，一只手用小铲子在土里挖好位置，另外一只手将植物放入。

⑥ 按照之前对比的位置，依次种下多肉。

⑦ 入盆完毕之后，用筒铲铺上准备好的铺面石。这个过程要耐心，铺面是最容易弄脏多肉叶片的过程。

⑧ 使用气吹与镊子清理叶片。推荐使用塑料材质的镊子，较软的材质不容易误伤到叶片。

⑨用不同的小物件，为这个盆景增加不同的元素，制造微缩花园的视觉感观。

⑩ 一般多肉拼盘为了营造出爆盆的效果，在种植的时候都比较紧凑。养护得当的情况下3 ~ 5个月就需要换更大的盆。如果你想体验自然生长后的爆盆，可以适当地减少盆内植物的数量，预留一部分生长空间。

3. 种活多肉的关键点

移植后的多肉由于还未长出新的根系，所以无法吸收水分。此时，别说是浇水了，泡水、浸水、灌水，甚至拿着针管往叶子里打水都是没有用的。相反地，如果这时候你因为着急而浇了大量的水，湿漉漉的土反而抑制了毛细根的生长，接下来就会进入一个恶性循环，就是一直浇水，植物却一天一天干瘪下去。

那么，在入盆初期的多肉植物，我们应该采用何种养护方式呢？正确的做法就是什么都不做，只要把盆栽放在不会被阳光直射并且通风的地方即可。若在气候凉爽的秋季，一般 1 周左右就会生出新根了。但多肉匠喜欢多等几天，一般种下盆后至少 10 天才会进行第 1 次浇水。

小\贴\士

使用底部有水的容器，可加快发根速度。

若直接将种下的多肉从土中翻出来以求检查发根情况，其实很容易伤到刚生长出来的脆弱的根系。鉴别是否有发新根还有个简单的办法，就是轻轻地抓住植物，微微上提，看看根部附近的土是否有被带起来一些，若有，则说明已经发出新根。发出新根后，一旦浇水，几天内植物的叶片就会饱满起来，从生长点也会开始长出新的叶片。但第 1 次浇水不建议浇透，如果浇透的水量是 10，那么首次浇水就只能浇 5。等第 1 次的土干透以后，就可以逐渐加大光照并正常浇水了。

三、日常养护

1. 光照

作为影响植物品相与健康的重要因素——光照，却往往被新手忽略。最常见的情况就是把植物置于过弱的光照环境，如远离光源的室内桌面，甚至阴暗的书架上等。且不说这些位置的通风条件是否良好，只看这极阴的环境就足以让植物迅速走向亚健康或者死亡。比如喜爱阳光的景天科多肉需要十分充足的阳光照射才可生长良好，特别是在春秋生长季节，成株可以接受每天 8 小时以上的全日照。

叶缘泛红的宝莉安娜

色彩丰富的莲花掌属多肉

若接受的光照充足，状态良好的多肉植株表现为叶片饱满聚拢，表面的粉或者绒毛均匀厚实，对病害与虫害的抵抗能力较强，颜色艳丽边缘泛红。

颜色艳丽的罗密欧

严重徒长的多肉

而光照不足的植株叶片形状拉长，叶子与叶子之间的间隔也更大，颜色变得偏绿，底端的叶片耷拉下垂，上方新发出的叶片却拼命拉长着往上长，同时表面的粉也会褪去，变得暗淡无光，绒毛同样变得相对稀疏，这也就是我们常说的徒长。

晒伤的巧克力方砖

伴随着徒长出现的往往还有细菌或真菌感染，如果不立刻改善光照强度，很容易造成植株死亡。特别需要注意的是加强光照的过程也要循序渐进，千万不可把长期阴养徒长的植株突然转移到强光下暴晒。弱小植物完全没有经历一个过渡期来适应这样的强光环境，随之而来的伤害更为巨大，如叶片会出现大面积的晒伤。徒长的植株应分阶段地放在光线相对之前较好的地方，直到它新长出的叶子变得聚拢。需注意不能根据老叶进行判断，因为之前旧的底层叶片下垂或者变长都是无法改变。

晒伤的东美人

除了光照不足，光照过强也是不可以的。虽然多肉植物表面的蜡质层与绒毛有一定的抵御强光的功能，且独特的呼吸方式也让多肉有着较低的蒸腾量，但长时间的阳光暴晒造成的水分流失也是令多肉死亡的常见原因。特别是在多肉休眠的季节里，植物需要依靠叶片中储存的水分度过漫长的休眠期，这时阳光的暴晒会加速水分的消耗。开始的时候植株的颜色会变得越来越灰暗，接着叶子中的水分流失殆尽直至枯死。对于大部分多肉，最安全的光照管理就是将其放置于没有阳光直射，但散射光充足的环境中，例如不会被阳光直射到的阳台阴凉处。

晒过头的玉露

不同的品种在不同的时期对光照的要求不同。小苗和叶插苗都喜欢半阴的环境，而大部分景天科多年生的成株则可以接受少量阳光直射，玉露等十二卷属的多肉相对可以放置在比较阴凉的地方。如果你觉得这个描述比较抽象，看完似懂非懂，那么你可以使用另外一种相对精确的光线管理方案——购买一个测光仪，利用测光仪来检测种植位置的光线强度。测光仪是一种十分普通的仪器，几十元就能买到质量不错的。光的测量单位为勒克斯，1 勒克斯约等于在 1 米^{2}的表面，距离 1 支蜡烛 1 米的距离时，表面所覆盖的光的数量。

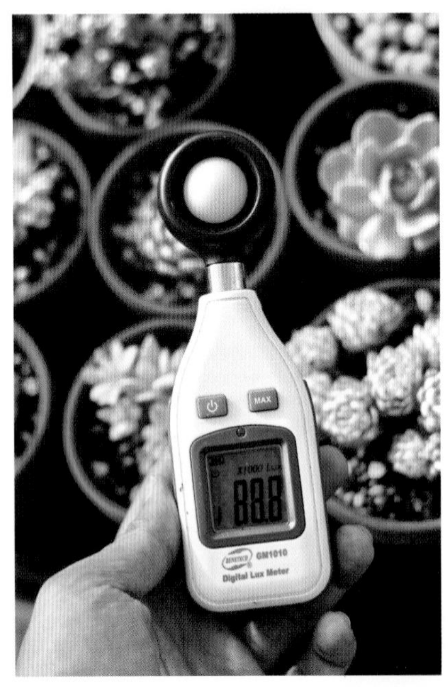

测光仪

强烈的直射阳光的光线强度一般在 8 万勒克斯以上，阴天的光线强度大约在 1 万勒克斯。仙人掌科、景天科与番杏科等喜阳光的品种，其成株所需的光照强度控制在 1.5 万 ~ 2.5 万勒克斯较为安全，而如果长时间处于低于 3000 勒克斯的环境中就容易出现徒长，在超过 5 万勒克斯的光照环境中就会抑制其光合作用的进行。相对而言，对光线要求较低的十二卷属，只需 8000 ~ 1.2 万勒克斯的光照即可。

在自然光线不充足的情况下使用专用灯具进行补光，理论上是完全可行的。但人工补光是一项极其复杂的工作，一般家庭用的照明灯具都不具有补光效果，更别指望能用普通台灯代替阳光。有研究显示，植物所需要的阳光波段，60% 以上都集中在红光与蓝光中，满足这两种光源的供应，植物就可以进行光合作用。因此，可以购买集成这两种颜色的 LED 植物生长灯，且红蓝灯数量的比例为 5 ∶ 1 即可。

小 \ 贴 \ 士

因为测光仪并不能区分灯光与阳光，同时普通的家庭照明灯的光线不能被植物吸收利用，因此为了保证测量的精确度，测光时请关闭身边的光源。

而作为不可见光的紫外线，除了主要能抑制植物徒长，让植物的颜色更加艳丽之外，还有一定的杀菌作用。由于紫外线的照射对人体有害，可以引起皮肤变黑老化，长期暴露在短波的紫外线中甚至还可能致癌，因此补光的时候应尽量远离紫外线灯，特别注意不要让家里的小朋友接近。市面上的紫外线补光灯的产品质量参差不齐，进口的 UVB（中波紫外线）补光灯价格大约在 300 元。挂着同样功能，价格却只要十几元的灯具千万不要购买，因为它们供应的波长往往很不稳定，靠人的肉眼根本无法鉴别，很可能在使用过程中释放对人体伤害较大的短波紫外线。

补光的门道远远不止这些，灯泡的形状、瓦数、发热量以及与植物的距离等，都不同程度地影响着植物的生长与品相。所以，最重要的是了解你手中的多肉习性与当地的气候，并学会利用自然的资源来照顾它们。植物需要的从来不是多么先进的科技，而是一个用心的主人。

一般家庭环境中，朝南的阳台或者窗边是采光最好的位置。对于南方的气候来说，在夏季的时候只需避开几个小时的阳光直射即可，在其他季节里在朝南阳台种植多肉都是很省心的。而如果喜欢在室内欣赏多肉的朋友，最起码也要将多肉放在光线充足的窗边。

在办公室里种植多肉也是一样的，尽可能找到光线充足的地方放置多肉，如果你实在希望多肉出现在办公桌上，那么多肉匠建议，白天的时候让它们好好沐浴阳光，到了晚上当你留下来加班的时候，就可以把多肉搬到电脑边上陪你了。

2. 浇水

无论你使用什么样的花盆，采用何种营养土，水壶里装着的是雨水还是自来水，最终真正决定多肉生死美丑的关键因素其实是浇水时机。多肉圈里流行着一句话，浇水学三年！这句话虽然有些许夸张，但关于何时浇水，浇多少水确实需要种养者具有一定的养护经验。因为光照、通风度、空气湿度、土壤成分、花盆材质、植物习性及其当下状态等众多因素都影响着浇水的时机。

大部分人说到多肉植物总是先认为它是一种耐旱植物，几乎可以不用浇水，还因此给了它一个“懒人植物”的称号。其实，这是个小小的误会，多肉植物只是比较能在水分较少的情况下生存，不代表它不喜欢充足的水分，水分太少还是会让它们变丑变小，失去美丽的外表。事实上大部分多肉品种在生长季节对水分的需求量还是很大的。也许你又会说，可是水浇多了又很容易导致多肉烂掉。那到底是浇还是不浇，该怎么浇呢？

缺水的蓝石莲

为了尽可能完整地解释清楚，我们必须先了解多肉植物是怎么吸收水分的。事实上，当你刚刚浇透一盆多肉盆栽时，它并没有立即开始吸收水分。吸收的高峰期往往是在浇水后的第二天或者第三天，这时你会看到之前干瘪变软的叶片重新饱满起来。鹿角海棠就是一个浇水前与浇水后叶片变化迅速的品种。

水分充足的鹿角海棠

从以往的经验看来，持水量饱和的土壤对植物吸收水分是有抑制作用的，只有当土壤的持水量达到一定平衡时，才能让根系开始吸收水分。而从饱和到平衡，最重要的就是保证种植环境的通风，让流通的空气带走湿气，加快土壤中水分的挥发。拿大棚种植来说，每次浇完水，都要打开周围的卷膜，最大限度地创造好的通风条件，有时甚至还会用风扇来辅助空气流通。家庭种植也是一样的原理，无论什么情况，良好的通风环境都可以减少病虫害的发生概率。了解植物吸收水分的环境需求之后，我们要做的就是尽量创造这样的条件，寻找一个适用于自己的整套浇水环境方案。

缺水的鹿角海棠

拿多肉匠自家朝南阳台的情况举个例子。因为福州冬季的温度几乎很少会到0℃以下，多肉对通风的需求大于保温的需求，所以就没有做阳光房的搭建。但北方的爱好者最好能有封闭式的阳台，以免多肉在冬季被冻伤。又因为考虑到花盆可能被阵风吹下楼砸伤路人，所以大部分花盆都放在阳台围墙内的地板上，这样做的坏处就是通风变差了，于是多肉匠放了一台小风扇在阳台，浇水之后会用风扇对着吹半天。

丸叶姬秋

阳台是家里光线最充足的位置了，并且每天下午会有几个小时的阳光直射，即便如此如果浇水后碰到连续的阴雨天气，植物徒长的情况还是很明显，所以在浇水之前都需提前看下未来几天的天气。如果是连续的晴天，就大胆地浇下去；如果是有下雨，就暂时不浇水。因为颗粒土比较贵，植料选用泥炭土较多，所以大都使用红陶盆种植，透气的花盆材质可以弥补植料过于保水的缺点。

红陶盆的透气性十分强悍，所以如果你使用的是纯颗粒土，千万不要用红陶盆，否则一不小心就会令盆土过干。夏季没有特意做遮阳防护，大概每周浇水 1 次，时间都在太阳下山后。如果当日的最低气温超过 28℃，就停水或者少量浇一些。秋天的气候干燥，电风扇就可以收起来了，5 ~ 7 天浇水一次，具体由天气与植物状态决定。如晴天多，土干得快的时候就 5 天左右 1 次；阴雨天气多的时候就 7 天左右 1 次。

这里要说到如何判断植物是否该浇水。首先介绍几种判断盆土干湿的方法。第一种，牙签判断法。顾名思义，在土里插一根牙签，一段时间拔出来看看牙签是否有带出湿的营养土。如果牙签拔出的时候比较干燥，也没有带出湿土，那么就浇水。这个做法有个缺点，容易误伤到植物的根系，特别是根系比较肥大的十二卷属多肉。

已经皱缩的底层叶片

第二种，称重法。给每个盆称重，记录下干土的重量和浇水后的重量。但拿着称和重量记录表，一盆一盆地称过去，实在是一件十分考验耐心的事情。如果盆栽繁多，浇水一次可能要耗费掉你大半天的时间。

第三种，手指插土术。也就是将手指轻重适中地插入土里，感受土壤的干湿程度。

第四种，叶片观察法。当多肉缺水的时候，它会从最底层的叶片开始消耗水分，以供给植株其他部位的生长需要，因此观察植株最底层叶片的饱满程度是最直观的方法。缺水的叶片最初会变得没有那么饱满，用手轻轻一捏有种不结实和没有弹性的感觉。如果继续失水，肉眼就可以很明显地看出叶片变皱缩小。

判断浇水时机的方法还有很多种，可以多种方法配合着用。具体的方法要看具体的环境与条件。通过养护过程中观察植物的变化来调整浇水的频率很重要，因为单就浇水来说，学习理论，并结合自己经验才是最佳方案。

在浇水这个环节大家要注意以下几点：

1 刚浇完水的多肉，不要暴露在强光直射下

任何时候的阳光暴晒都是危险的，但盆内充满水分的时候更危险。经过暴晒后，盆内温度高得烫手，而盆内密集的水分子是最好的热传导介质，根系在高温高湿不透气的盆中，只要一个下午就可以出现严重的根系腐烂的情况。

2 不要在阴雨天气浇水

雨天湿度大、光线差，这时候浇水会带来两个问题。第一，徒长。吸收了水分，却得不到足够的阳光照射，自然就光长个子不长肉了。第二，滋生病菌。浇水后因为周围空气湿度大，盆内的水分无法在短时间内挥发，时间一长就很容易滋生细菌，一旦根系或者枝叶上有伤口，发生感染的概率更是大大增加。

3 有粉或者有丝的多肉，水不要直接浇在叶子上

很多多肉植物的表面都会覆盖一层薄薄的粉，手一摸就会被擦掉。这并不是植物生病了，更不是沉积的灰尘，是一种植物自然形成的保护层，并且十分具有观赏价值。叶片上的粉被擦掉之后是不可再生的，雨水的冲刷或者浇水时的水流都会让那层粉渐渐地变淡变薄。所谓的丝也是一样的，比如常见的蛛丝卷绢。经常用淋浴式浇水法，也会让那层丝状物变少。对待这类多肉，建议使用细口浇水壶或者采用浸盆的方法浇水。所谓浸盆，就是把整个花盆浸在水里，水面不没过盆面，水分从花盆底部的孔隙进入。这样，既避免了叶片表面被水流冲刷，同时又让盆内的土壤充分地吸收水分。

4 别让土壤长时间干透

即便是在原生地的旱季，多肉植物在没有雨水供应的情况下，依旧可以从深层地下水微微散发的水汽中汲取水分维持根系健康。家庭养护中并不存在地下湿气这么一说，所以在多肉的生长季节，当盆内缺水的时间一长，根系就会因为失水而干枯老化。即便进入休眠期，多肉不再吸收水分，保持土壤的一定湿度也是十分有必要的。

5 别让水珠留在叶片上

浇水后留下的水珠，应当立即用气吹吹掉，否则留在叶片上经过阳光的照射，会造成叶片的灼伤。高温高湿的天气里，留在生长点处的水珠极容易令叶心腐烂。一旦生长点开始腐烂，几乎没有机会恢复。

6 使用弱酸性的水

多肉植物喜欢弱酸性的土壤环境，也喜欢弱酸性的水，浇多肉用的水的 pH 值在 6 左右就很好了。很多花友露养的多肉品相好的原因之一就是他们采用大自然呈弱酸性的雨水。据说雷雨水效果最好，因为含有丰富的氮元素。自来水是大家最容易获得的水源，每个地域的自来水的酸碱度不一，如果大家有兴趣可以购买一些测试纸来检测一下平常用的水。如果发现家里自来水是碱性的，建议掺入一些盐酸中和 pH 值后再使用。如果没有盐酸，食用的白醋也可以。

7 在连续晴朗有风的日子浇水

晴朗的天气，空气湿度低；有风的环境，空气流通快。此时，盆土可以更快进入到有助多肉植物吸收水分的持水量平衡状态。充足的光线还能保证植物在吸收水分的同时不会发生徒长。

8 有伤口的多肉不要浇水

无论是根系还是叶片，如果发现有未愈合的伤口存在，一定不要浇水。另外脱皮中的生石花，在新旧叶片交替的时候也是不可以浇水的。这点和人的伤口不能碰水是一个道理。

3. 温度

我们知道多肉植物需要较大的温差来帮助生长，如果温度过高或过低，多肉就会进入休眠，而当温度恢复到一定范围内时，又会从休眠中醒来，恢复生长。在种植大棚内，多肉一年四季都在生长，这是因为通过人为手段让棚内温度维持在适合多肉生长的范围内，使它在本该休眠的季节并没有休眠，从而达到生产种植的高效率。这样看上去很美好，但其实长期在温室中生长而不休眠的植物一旦离开这样的环境，碰到极端温度时，抗逆性就显得相对较差。如果养护不当就很容易令多肉“拂尘而去”！所以一般刚买回家的多肉都是死在移盆初期，或者是在家里经历的第一个夏季。北方的冬季的极低温度同样也很危险。一般多肉在 0℃以下就会进入休眠，这时如果暴露在室外很可能会被冻伤冻死。

无论什么季节，保持在 15 ~ 30℃的温度是最安全的。最好是在白天有阳光的时候保持在 30℃左右，太阳下山后保持在 15℃左右。

以上是多肉植物最舒服的温差环境，不仅可以使多肉健康生长，在光线充足的情况下，还会令多肉激发出鲜艳的颜色。这也是为什么，秋天是多肉植物最美的季节。

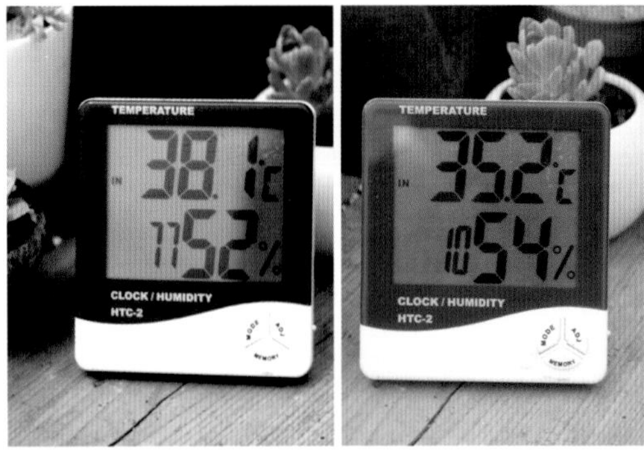

遮阳前和遮阳后的温度差

说到温度，大家最关心的还是夏季如何降温。其实就把握两点，遮阳与通风。在阳台种养多肉，可以购买遮阳网来抵挡一天中不断变化角度的烈日。使用一片遮阳率为 60% 的遮阳网后，阳台温度可以降低 3 ~ 5℃，除此之外依旧还有一部分阳光可以透过遮阳网照射到多肉，以保证多肉不会因为环境过于阴暗而徒长。

对多肉植物来说，高温下的通风更为重要。多肉植物最怕的不是热而是闷，流通的空气环境有利于抑制病菌繁殖。盆内有水分的时候，良好的通风环境，可以帮助挥发土壤中的水分，而被挥发的水分又可以带走热量，这样就能起到很好的降温效果。根据多肉匠的经验，白天做好遮阳工作，放心上班去；晚上回家后看哪盆盆土干了就浇水，如果没有风，就拿自家的风扇对着吹上一宿。在冬季 0℃以下时，建议把多肉移到相对较温暖的室内窗边。当然，如果有条件的话用塑料布自己制作一个小温室最好了，既保温又透光，也不用搬来搬去。

多肉小温室

4. 施肥

多肉植物大都生长缓慢，呼吸代谢消耗的能量较一般草本植物来说要少很多。这样的习性，让它对肥料的需求并不是那么迫切。但打个比方，人可以只靠喝水和吃某种单一的食物生存很长一段时间，但营养不良带来的身体功能变差却是无法避免的。多肉也是如此，即便它能只靠喝水晒太阳就能维持生命，但缺少了应有的养分也会让它变得虚弱萎靡。因此，采用正确的施肥方法施肥，对多肉后续的抗逆性与外观状态都有十分积极的作用。想要掌握施肥这项技能，首先得了解多肉植物需要什么样的肥料。

（1）肥料中的三大元素

叶绿素合成的元素之一，
促进植物的生长速度变快
促进植物体内酶的活化
与光合作用的进行；
增强植物的抗旱、抗病能力，
强壮根茎
氮
钾
磷
磷肥最主要的作用，
是促进植物开花结果

化肥（左），有机肥（右）

（2）有机肥与化肥的区别

有机肥：由动物粪便或植物组织，经过腐熟发酵等程序制作而成的肥料。性质温和，效果缓慢而持久。不仅对植物有益，同时可以改善土壤中微生物的环境。

常用于多肉植物的有机肥包括：鸡粪、蚯蚓粪、蛋壳粉等。

化肥：化学合成的肥料。采用人工处理合成的方式，合成植物所需要的营养元素。并不包括有机肥中含有的有机成分，对土壤也没有改善作用。但化肥的成分是人工调配，所以用量很少就可以产生很好的效果，并且见效快。因为多肉植物最多 1 年左右就换盆 1 次，所以化肥对土壤的副作用完全可以忽略。另外，获取方式较容易，是追肥的理想选择。

从左到右依次为蚯蚓粪、鸡粪、蛋壳粉

（3）有机肥的使用

由于经过发酵与腐熟后的有机肥，性质温和，因此一般在种植初期，就可以适量混入营养土中，供给多肉整个生长过程中所需要的养分。但要注意，没有腐熟的有机肥是不可以直接使用的。无论是鸡粪、牛粪或者人类尿液在没有经过微生物充分分解前，它们过高的浓度会超过植物根系细胞的负载能力，造成根部坏死，也就是我们常说的烧根。

市面上可以直接买到已经过发酵的有机肥。发酵充分的有机肥是没有臭味的，价格也十分便宜。推荐使用蚯蚓粪作为底肥，不仅因为它富含氮磷钾，结构疏松，有着良好的透气性与排水性，更重要的是它含有大量有益微生物。这些微生物分解产生的抗菌素可以抑制病原菌的生长，有效地减少病害出现的概率，等于在施肥的同时给多肉打了预防针。

使用方法：种植之前在营养土中混入 10% 左右的蚯蚓粪即可。肥效可长达 1 年。

（4）化肥的使用

缓释肥：呈 3 ~ 5 毫米的颗粒状，表面由可溶树脂包裹。混入营养土或者撒在土层表面后，随土壤水分与温度的变化自行分解，释放养分。肥效期半年至 1 年不等。花友常用的有奥绿肥 A-2 与魔肥，后者肥效时间更长，结构也更稳定，当然价格也更高。由于释放养分的过程是缓慢的，所以不会出现烧根的情况。

使用方法：4 号盆 1 ~ 3 克，6 号盆 3 ~ 6 克，混入营养土中即可。

液体肥料：见效快，浓缩的肥料经过一定比例稀释后直接浇灌，其营养成分可直接被根系吸收，几天内就可以看到植物明显的变化。缺点是如果植株本身不健康或者调配比例错误，容易造成烧根。大补有风险，施肥需谨慎。

使用方法：在生长季节，严格按照产品包装说明稀释后浇灌，1 ~ 2 周施用 1 次。休眠季节不建议使用。

小 \ 贴 \ 士

当蚯蚓粪暴露在阳光下的时候，其内部的微生物失去活性，因此施肥的时候不要将其铺在土面上。保存的时候，建议放置于阴凉干燥处。

缓释肥

液体肥料

四、主要病虫敌害防治

大自然有自己的规则，鸟吃虫，虫吃叶。各种昆虫鸟兽都可能威胁到植物们的生命。而柔美汁多的多肉植物们，也早已加入到它们的豪华菜单中。而微观世界中还存在着数以亿计的细菌、真菌，时刻等待着侵害多肉。如此一来，处理常见的病虫害就成了养护过程中一大重点。下面我们就来一一揭开这些病虫害的真面目，并学习如何有针对性地消灭它们。

1. 黑腐病

多肉植物的头号杀手就是黑腐病，号称多肉癌症。但黑腐病并不完全符合癌症的特点，因为它是会传染的。摆放密集的多肉，若其中一棵死于黑腐病时，可能引起该病害入侵其他植株，导致一不注意就死一片。且多肉感染黑腐病后死亡速度快，往往刚发现几片叶子发黑脱落，没过几天就整株腐烂了。

引起黑腐病的罪魁祸首是一种叫尖孢镰刀菌的真菌，它会侵入植物体内大量繁殖，造成植株死亡，之后还可以在土里生存很长一段时间。诱发黑腐病的因素很多，高发期通常在春末夏初，在阴雨天气盆土积水时也极易感染。早期感染的植株可以切除感染部位，观察切口内部是否有发黑，并一直切除到看不到发黑部位为止。另外，还要搭配喷洒多菌灵、异菌脲（扑海因）等杀菌药，放置在干燥通风处观察一段时间，直至没有发现新的发黑部位时再种进新土壤中。

除此之外，多肉植物常见的病害还有锈病，患该病的植株叶面会出现类似锈斑颜色的突起，影响品相的同时还会造成植物干枯死亡。

白绢病，导致多肉根部干枯失去活性，长期患病的植株会因无法吸收养分而逐渐枯死。

自然界中存在着数量惊人的真菌与细菌，时刻准备着在适合的时机侵入植物体内。大部分病害的处理方式几乎一样，即立刻隔离发病植株，切除感染的部位，并喷洒或涂抹杀菌药。比起在病害发生后四处寻找各类药剂治疗补救，不如通过调整种植环境来预防：让种植场所保持良好的通风、充足的光照；使用的营养土疏松透气，不过分持水。如果做到以上几点的同时，你还有定期喷施杀菌剂的习惯，那么发生病害的概率就会大大降低了。

2. 介壳虫

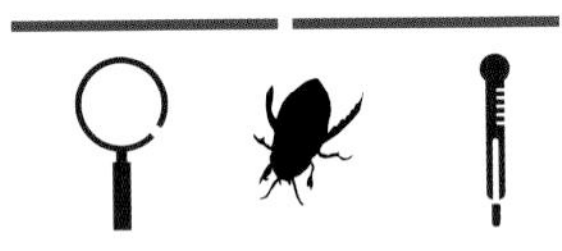

最常见的多肉植物虫害之一，多发于潮湿闷热的季节。实际上这种害虫非常非常小，还不及米粒大，一般出现在多肉的生长点和叶片背面，以啃食叶子为生。它不仅啃食叶肉，产生的排泄物还会增加植物感染黑霉病的概率。部分被啃食后的多肉叶片会呈扭曲状生长，叶片上会留下不规则的黑色污渍。

处理方式：发现有虫害的第一时间应先立即隔离植株，单独放置，减少蔓延的概率。肉眼可以看到的介壳虫可以用尖头的镊子夹出来后杀死，同时建议使用介壳灵或者护花神等市面常见的毒性相对较小的杀虫药喷洒灌根。一般杀虫后间隔 1 周再进行 1 次，因为第 1 次杀虫后，可能还会留下很多未孵化的小虫卵，至少要用药 2 次以上才能彻底除掉虫害。有的花友的做法是先将多肉离土后用自来水冲洗一遍，然后再将其浸泡在稀释后的杀虫剂中 10 ~ 15 分钟，这样去除介壳虫的效果更好。

用镊子夹出介壳虫

将多肉浸泡在稀释后的杀虫剂中

使用农药的时候注意严格依照说明书使用，并放置在儿童无法触及的地方。尽量不要长期使用同一种杀虫药，以免害虫们产生免疫。另外，有些玩家在种植前会在土中混入一定比例的克百威（呋喃丹），以此预防介壳虫害，但克百威属于剧毒药剂，对人畜都有很强的危害，并且水溶后容易对周边环境产生污染，在某些国家属于禁止使用的药剂，因此不推荐使用。

还是那句话：充足的光照和良好的通风可以有效降低介壳虫害的发生概率。

3. 蜗牛

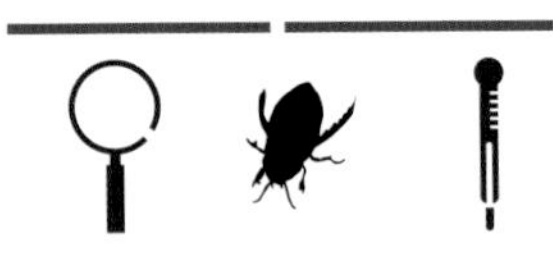

萌萌的外表下，藏着一颗吃货的心。很多花友看到蜗牛出没的第一时间，并没有觉得它是害虫，甚至还会有把它放到叶子上拍几张照片的冲动。无奈蜗牛虽然有可爱的外表，但实际上食量可谓惊人，稍不注意半片叶片就沦为它的腹中之物了。

蜗牛通常在夜间或者阴雨天出现。阳光充足的时候它会躲在花盆底部或者枯叶下以保持体内水分。

处理方法：最简单的方法就是直接用手抓起来丢掉。可以的话丢远一点，如果仅仅丢开几米，蜗牛凭借它天生的方向感还是会爬回来的。预防方式也很简单，在花盆附近撒上一圈食用盐或者石灰粉，蜗牛就跨不过去了。也可以购买软体动物灭杀颗粒撒在附近。

4. 蚂蚁

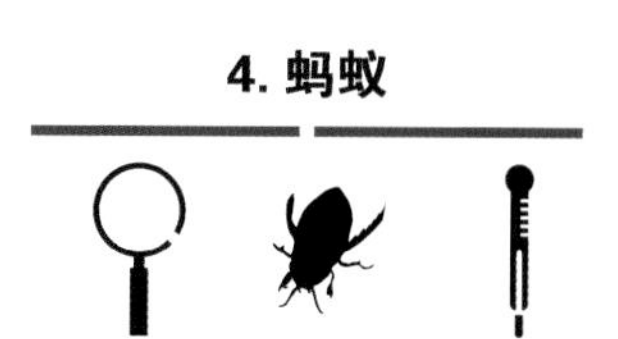

蚂蚁本身并不喜欢吃多肉，但却非常喜欢吃介壳虫的分泌物。除此之外，蚂蚁还会挖出营养土，来寻找附着在根部的介壳虫幼虫，并且在冬天来临时，将它们搬运到自己的巢穴内过冬。这些昆虫之间的互动真是让人哭笑不得，套用一句广告语“蚂蚁不产生危害，它们只是害虫的搬运工”。所以，经常由于蚂蚁的关系，介壳虫就好像坐上高铁一样迅速地在多肉之间传播繁殖。

处理方法：在花盆周围放上灭蚁饵剂。更注意的是要保持好环境的卫生，不在多肉附近残留食物，看到介壳虫等害虫要及时消灭，避免重新引来蚂蚁群。

5. 红蜘蛛

红蜘蛛实际上是一种暗红色的螨虫，体型十分微小，不特意观察很难发现它的存在。它们在叶片上留下的伤口虽然不大，但随着植物的生长，留下的点状疤痕也会随之扩大，十分影响品相。

处理方法：在使用农药杀虫之前可以使用一些小偏方，比如喷洒肥皂水，或烟丝加橘皮泡出的水，或捣碎的大蒜水等。当这些方法都没有效果的时候再使用护花神等杀虫药喷洒灌根。

6. 眼蕈蚊

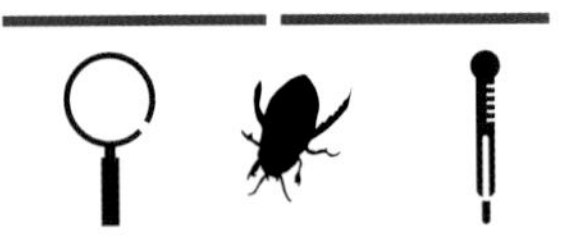

俗称小黑飞，即便你没有养多肉，也可能会在腐烂的水果或者厨房垃圾附近见到它们。这是一种体积微小，繁殖速度极快的食腐昆虫，喜欢阴暗潮湿的环境。一般见到它也是在阴雨天气时或者相对密闭的弱光环境下。成年的小黑飞并不会啃食多肉植物，但它会在潮湿的营养土表面产下虫卵，不久之后在你花盆里新生的小黑飞幼虫就不那么挑食了。起初它们会以土壤中的菌藻类为食，经过短时间的生长之后逐渐开始啃食多肉植物。通常这么迷你的虫子咬出的面积也很有限，但最致命的是啃食之后留下的伤口会成为细菌侵袭多肉的最佳通道，很多莫名其妙的溃烂都是由此导致。

处理方法：小黑飞需要在湿润的土壤表面产卵，所以只需要让土壤表面保持干燥即可。可使用 3 ~ 6 毫米的火山岩铺面，透气的火山岩可以保持土壤表面的干燥，让小黑飞无处产卵。或者使用苍蝇贴也可以减少小黑飞的出现。另外，注意提前看天气预报，即将下雨的天气里不要浇水。最大限度地保持通风也是预防小黑飞的好方法。

7. 鸟类啄伤

放置在阳台的多肉们还会经常被鸟类啄伤。通常鸟类会从生长点处啄食多肉，这也是多肉最嫩最脆弱的部位。被破坏后的多肉几乎面目全非，如果碰到阴雨高湿的天气一般难以存活。

处理方法：鸟类的杀伤力极大，但是解决的方法却十分简单，你只需要在阳台挂上一片 CD 光碟即可。这片光碟的作用就好像田地里的稻草人一样，小鸟看到它就不敢接近了。

8. 老鼠啃伤

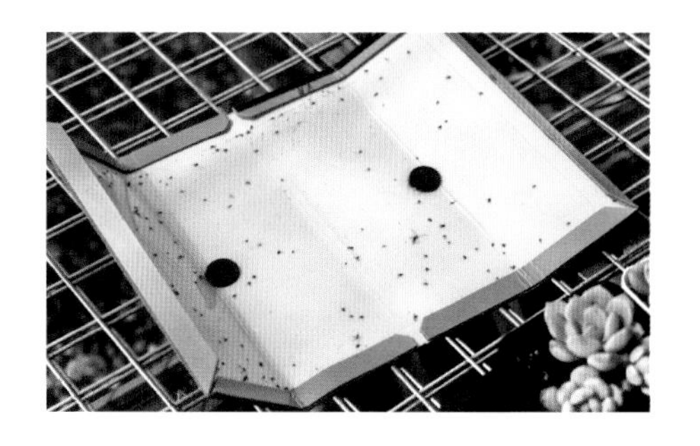

虽然老鼠一般咬一口就知道多肉不好吃，就不会再吃第二口了，但老鼠是群居动物，数量惊人，倘若每只老鼠都要亲自来一口验证一下，那么死伤率巨大。

有的小区都会定期投放老鼠药，但效果有限。针对防止老鼠啃咬多肉的方案不多，终极方案就是铺设电网，但这个方案过于专业，并且具有一定的危险性，所以不推荐一般花友采用。可以在多肉周边放上强力老鼠贴，既实用，又没危险性。

五、四季养护要点

1. 春季

春季，告别了冬季的寒冷，是万物复苏的季节。3 月份开始，中国大部分地区的日均气温都升到 10℃以上，温暖湿润的气候让大部分植物都进入一个生长的高峰期。从休眠期醒来的多肉植物，纷纷开始生出侧芽，开出花朵。健康的植株在春季短短几个月的时间内就可以大上好几圈。在春季，无论是叶插还是扦插，生根的速度都是一年中最快的。但紧挨春季的就是多肉们最怕的夏季，所以如何在春天养出强壮的植株，为严酷夏日的来临做好准备就成为最重要的事。

收集雨水

(1) \ 恢复正常浇水 \

冬季温度低，控水或者停水时间久了，植物的品相或者个头都会变差变小，因此当春季来临时,应当及时补充水分与肥料，让多肉重新过上“吃饱穿暖”的好日子。

在保证充足阳光与通风的情况下，一般盆土一干就可以浇透，但浇至盆底开始滴水即可。千万不要上面一直浇水，下面一直流水，因为大量的水分冲洗会导致盆内营养物质流失。但一般春季多雨，空气湿度较大，盆土湿透后到达持水平衡的时间也比较久，往往在阴雨天浇水过后好几天，土面还是湿漉漉的，所以建议尽量选择在晴天浇水，如果遇上连续阴雨不停，多肉盆土又干的话，建议在盆的周围少量浇水，不要浇透，让盆土保持湿润的同时又不会有积水。

另外，没有任何一个季节的雨水会像春天这样充足，因为弱酸性的雨水含有丰富的养分，所以有条件的朋友可以收集雨水浇灌。但注意尽量不要收集经过瓦片、水管等介质汇集的雨水，这些物体的表面往往带着杂质与虫卵，可以的话直接放个桶在露天处收集。

叶片爆裂的多肉

(2) \ 施肥 \

施肥的目的不是让植物长得过分肥大，而是让其补充所需要的养分，尤其是在多肉开花时，因为此时更需要消耗大量的养分。除此之外，均衡的营养元素搭配还可以提高植株抗逆性，使它们有足够强壮的身体熬过接下来的夏季。如果使用的是液体肥料，建议淡肥勤施，稀释的时候可以适当多加一些水，以降低肥料浓度。之后再根据植物的生长状况决定是否继续施肥。需避免施肥浓度过高，否则植物生长过快会导致叶片爆裂。

(3) \ 除菌杀虫 \

春天是植物生长的旺季，同时也是虫害爆发的高峰期，而湿润温暖的气候也给细菌的滋生提供了利好条件。定期使用杀虫药与杀菌药十分有必要，同时加强通风与保证充足的光照也是减少病虫害的重要手段。建议在这个季节不要闷养多肉，否则一不小心就会爆发各种病害。

(4) \ 繁殖换盆 \

春天是繁殖与换盆的黄金时间，在每年的三月为最好。如果家中原本的花盆已经装不下一棵一直长大的多肉，就在这时给它们换一个更大的家吧。去掉旧土，修掉老根，在明亮通风处晾几天，再种到新土里，恢复以后会长得特别快、特别健康。一方面因为重新发出的毛细根活性高，吸收养分的效率也高，另一方面也因为新土壤中含有丰富的养分，所以那些很久没有长个子的多肉们都可以采用换盆换土的方式来刺激生长。

小 \ 贴 \ 士

换盆移株要选在盆土干燥时进行。

2. 夏季

这是最考验种养技术的季节，也是新手进阶路上一道巨大的门槛。很多朋友都是在春秋两季爱上多肉，接着在夏季告别多肉。也许云南的朋友会说："不会啊，我们这边的夏天跟春天似得。"，北方的朋友会说："也还好啦，就热2个月而已。"，但南方大部分地区则不同。如果按照连续5天，日平均气温在22℃以上即是夏天的标准，多肉匠所在的城市福州，每年6月开始直到9月底，满满的都是夏天啊！特别是9月份，秋老虎的威力和夏天比起来不相上下。这么热的天气人都受不了，更何况多肉呢。而夏季也是台风袭击的季节，每次台风过后，很多正在休眠状态的肉肉被雨水浇个透，高温的阴雨天外加盆内积水往往导致多肉争相腐烂而亡。

要想养好多肉，就要对多肉本身的习性有基本的了解，除了少数耐高温的夏型种（夏季不休眠，正常生长）以外，大部分多肉植物都要在夏季严格控水遮光。曾经也是新手的多肉匠也有在夏季的 1 周内死掉上百株多肉的惨痛教训，相信大家也有类似的经历。总结起来，怎么度夏是一场养护考试，考验你在入夏前的准备，也考验热浪来袭时你的临场发挥。不过不要被吓到，再难的考试，都有多肉匠在帮你们复习功课，准备好了吗?

（1）强光不遮，肉死一车

进入夏季，9点的太阳就已让人有灼热感，更别提中午的烈日了，因此遮阳工作就成为首要任务。遮阳的目的并不是让多肉植物完全处于一抹黑的环境中，因为虽然进入休眠期，但如果环境过分阴暗，依旧对植物不利。最直接的方法是购买遮阳率在60%以上的遮阳网，从阳光直射的角度加以遮盖阻挡。在阴雨天，光线较弱时，收起遮阳网。

建议在夏季把植物放在朝北的阳台，并不建议为了遮挡阳光而把植物搬进通风较差的室内。夏型种的肉肉只要放在不被阳光直射又有充足散射光源的地方即可，冬型种与春秋型种则尽量避免过强光线。

大棚使用遮阳网

左边的营养土颗粒含量较多，相对右边的营养土而言更加透气

（2）快干土壤，度夏不惨

这点在夏季来临之前就应该做好准备，观察使用的土壤是不是过分保水，是不是经常浇完水好多天了土面还是湿的。当泥炭土、草炭土或椰糠在土壤中的比例过高时，水分不易挥发，加以闷热的温度，十分容易导致多肉在浇水后几天发生腐烂。那如何判断使用的土够不够透气呢？即浇水的时候如果水没有快速地渗透下去，而是积在土壤表面超过 5 秒钟，这就是不够透气的表现。

选择使用颗粒土含量较高的营养土无疑是在夏季最安全的做法。颗粒含量在 70% 左右即可，选用赤玉土、兰石、珍珠岩、轻石都可以，尽量混合多种类的土壤为最好。另外一个做法就是选用透气性强的花盆，如红陶盆、瓦盆、水泥盆等都可以。总之一个目的，就是让水分在土壤里停留的时间尽量短。

（3）少浇水，不后悔

冬（春秋）型种的肉肉，在夏天的时候往往呈现干瘪灰暗的状态，这时很多人认为越热就越要多浇水，所以一看到土表干了就往下灌水浇透，结果导致深层盆土一直都是高温又高湿，直接造成植物烂根。其实，越热的时候我们越要做好一件事——控水！没有把握的情况下最好不要浇透盆土，在花盆周围微微浇一些水，让土壤不要严重干透即可，这部分水可以保证多肉不至于因为盆土过干而死亡。而十二卷属的多肉相对皮实，而且养十二卷属的肉友大都喜欢用颗粒含量很高甚至全颗粒的营养土，因此可以选在相对凉快的日子里浇透盆土，但平常依旧只需在早晚用喷壶在空气中喷雾即可。

而正在生长季的夏型种则可以适当多给水，但建议在傍晚太阳下山后，气温低于25℃时进行。南方的花友若遇到台风天，切记要把花盆放到可以遮风挡雨的地方。除了夏型种以外的正休眠的肉宝宝们都尽量不要被雨淋到。

（4）虫害防治不松懈

理论而言，若在春季已杀尽害虫，夏天就可以不用再杀了。但往往将害虫杀尽是一件高难度的活儿。虫的来源方式很多样，例如买盆新的肉肉回家，而这盆土壤中就很可能带着虫卵，简直防不胜防。甚至有时候没看到虫子，但仅从植物表面的咬痕伤口就可以判断有虫害了。所以养成习惯，每个季度至少杀虫 1 次，是十分有必要的。

尽量选择镂空材质的架子摆放多肉盆栽

（5）通风拯救世界

为什么很多多肉在常年温度超高的原生地却活得很好？答案就两个字：通风。拿我们工作室来说好了，一楼的阳台有一面是墙，我们总说那附近风水不好，因为搁那的肉肉总是长得不太好，甚至有时候一不注意就会死掉。后来想想才知道，是因为那边是个死角，没有空气对流，通风不佳导致。夏季是最需要通风的季节。建议晚上喷湿土壤表面之后用风扇对着吹。这样水汽带走热量的同时可以起到降温的效果。除此之外，日常浇水之后的几个小时也都可以用电风扇对着吹。有了好的通风环境，不仅让多肉感觉更舒适，还可以降低因为闷热导致的病害的发生率。

3. 秋季

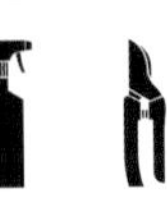

外面落叶纷飞，而多肉却迎来了它最爱的季节。早晚较大的温差十分有利于多肉呼吸作用的进行，较少的阴雨天也为多肉带来理想的阳光照射。在这两个因素的影响下，成就了多肉植物一年中最美丽的状态。从休眠中渐渐苏醒过来的多肉，不再像夏天那样无光泽、干巴巴，而是叶片周围渐渐出现红边，焕发出光彩。重新吸收水分的根系也为新叶片的生长带来了能量。

(1) \ 繁殖进行时 \

相较春季，秋天更适合繁殖，也最适合播种。冬季的保温工作相对夏季的降温工作来说进行起来更容易，且度过冬天之后又迎来春天，所以在秋天繁殖的多肉若照顾得当的话，有足够的时间供其生长，待夏季到来之时原来的小苗早已长成成株。

(2) \ 养出肉肉的颜色 \

这里的方法主要针对景天科的多肉，十二卷属的多肉并不适用。浇水量大，生长速度快的时候，多肉植物相对不容易养护出艳丽的颜色。而给水量适中，可维持多肉相对较慢地生长，同时若光照充足、温差大时就容易养出颜色惊艳的品相了。

首先，在浇完水的 3 天后，可以让肉肉每天接受不超过 3 小时的阳光直射，其余时间在保持不被直射的情况下，放置在阳光最充足的地方。其次，加大周围温差。增加温度可能有些难，毕竟家里的阳台不像大棚的环境可以积蓄热量，但是降温就相对容易了。假设当天气温为 20 ~ 30℃，那么我们晚上可以用“喷雾 + 风扇”的方法，让最低温度再降下 2 ~ 3℃。第三，是控水。如果平常是每周浇 1 次水，那可以适当拉长间隔至 10 天左右浇 1 次水。虽然这样会让植物轻微地缺水，但在秋季，失去的水分很快就可以在下次浇水的时候补充回来。反复如此，植物的叶片饱满，但又不会长得过大。不断新生的叶片会使得株型紧凑密集，而且植株也会被培育出火红或者橙黄的美丽颜色。

(3) \ 施肥 \

追求大个头多肉的朋友们，可以给予钾肥和氮肥含量高的肥料。但和前文说的一样，为了防止烧根，肥料浓度要低，想要出效果，就做到薄肥勤施。秋季开花的品种还要补充磷肥，但如果你不喜欢花朵的长相，也不准备授粉打种子，那么建议把长出的花箭剪下来。因为开花会消耗植株很多的养分，某些品种的花箭剪下来还可以扦插繁殖，如吉娃娃、芙蓉雪莲以及滇石莲等。养护方法和叶插基本相同。

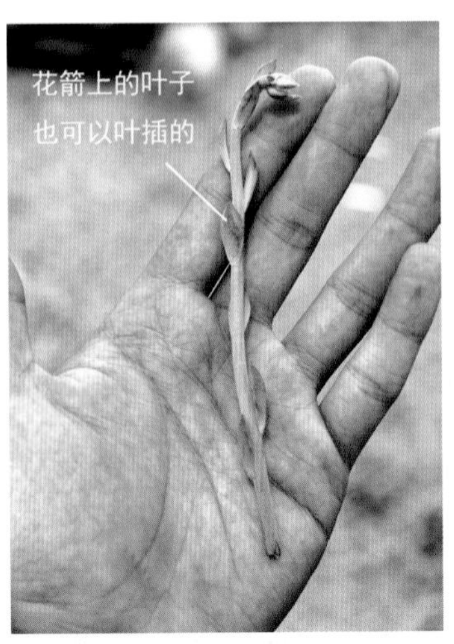

(4) \ 浇充足的水 \

即便雨水充足的南方在秋季也少见阴雨天，更不用说北方的同学了。这是一个即便偶尔不小心多浇水也不容易造成伤亡的季节，夏季休眠时消耗的水分都可以在秋季补回来。在通风与光照良好的情况下就放开手浇水吧，特别是使用颗粒土和红陶盆种养的多肉就更要多浇水啦，但仍需遵循见干见湿的原则。多肉匠对放置在阳台上的多肉基本都保持每周 1 次的浇水频率。

同时，由于气温的下降，浇水的时间也应适当地调整。特别是 10 月份开始北方已基本进入低温的天气，建议选在温暖的午后浇水。

(5) \ 露养大作战 \

露养未必是要将多肉直接种到小区绿化带里或者马路边上的隔离带中，装在花盆里放在顶楼天台或者露天的小后院都算是露养。除了部分仙人掌与大戟科品种外，不建议南方的花友采用全年露养的方式，如南方春天的雨水过多，持续 1 周以上的绵绵细雨十分常见，若这时露养，则会导致大部分多肉腐烂而亡。对福建而言，每年的 10 ~ 12 月是最好的露养季节。

不是任意一株多肉都可以直接丢到天台露养。选择露养的多肉，首先要求根系发达，叶片饱满，健康，没有病虫害。其次，最好选择相对透气的植料或花盆，这样不会因为一场大雨过后的强光照射导致盆内长时间积湿积热而令多肉死亡。当然，你会担心如果一直不下雨，露养的多肉会不会很容易干死，这个时候就是主人该伺候的时候啦。假设天气一直是晴朗的，你可以每周浇水 2 次，且每次浇透，浇水时间选在傍晚或者清晨都可以。另外，品种的选择也是十分重要，很多多肉品种是不适合露养的，如十二卷属的玉露类与寿类的多肉。完全没有遮挡的阳光照射对这类多肉来说简直是一种灾难。我们应当选择可接受强光照射，耐旱以及不怕积水的多肉品种。类似唐印、玉蝶、笹之雪这样的大型品种都具有这样的特质，都适宜露养。

把多肉从普通的家庭环境中一下移到经常接受阳光暴晒的天台，需要一个适应的过程。初期可以先放置在除了中午最热的2个小时无法被阳光直射，其余时间可以被斜照的阳光覆盖的位置，一般这样的位置也是能遮雨的位置。经过一段时间的适应后，待植物状态好时，再直接放到真正的露天环境中。

以上这些都属于呵护型的露养，很多花友们的露养方式更加粗放，常不注重任何养护，只是将多肉丢在外面自生自灭，新手不要盲目跟风模仿。学会分析自己的养护环境与具体品种的特性后，再慢慢尝试露养吧。

露养的多肉

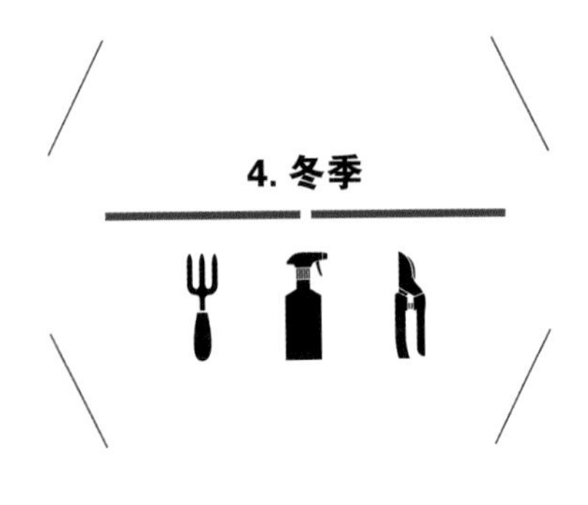

4. 冬季

在冬季若不加以加温防寒措施，多肉冻伤冻死的情况就会接踵而来。最常见的冻伤表现就是水化，微观上表现为植物内部细胞膜破裂，细胞质大量溢出。肉眼能看到其外观变得透明发黄，用手轻轻一捏，叶片表层破裂，随即流出半液体状的叶肉物。另外，冻伤还可以引起多肉内部功能紊乱，使呼吸作用与光合作用相应受到影响。补救方法只能是逐渐缓慢地提高环境温度直至最后达到多肉正常生长所需温度，同时立即断水，如果盆内有积水则立即离土。

冻伤的多肉叶片

随着低温的持续，多肉还极容易被细菌、真菌感染发生病害，这个过程往往是缓慢且难以逆转的，当下腐烂死亡的多肉很可能在几日前已从内部开始失去活性。这时应使用广谱性杀菌药涂抹伤口并撒在土里，但即便这样，也不一定能保证挽回肉肉的生命。所以冬季的多肉养护重点就是如何预防冻害。

“人类才看季节，多肉只看温度”这句话虽然描述得并不那么精准，但多肉匠想表达的观点是如果你能创造温湿度适宜的条件，不管春夏秋冬，对多肉来说都可以是生长季节。

(1) \ 保温是重点 \

在冬季增加环境温度是个技术活，北方花友可以适当利用暖气，若有暖气直供封闭式的阳台那就更加理想了。但因为室内光线较差，通风条件也不理想，想让多肉尽量不徒长，同时做好控水工作很重要，盆土实在很干了也得尽量少浇水，因此购买一台加湿器放置在房间中，中和暖气带来的干燥空气也是很有必要的。如果你对比过北方和南方的植物大棚还会发现，它们的形状完全不同。南方的大棚通常通体利用钢管与塑料薄膜搭成拱形，而北方的大棚大都采用三面墙体一面弧形塑料膜覆盖的形状，且最大的一面墙体总是朝北，以抵御冬季从该方向吹来的冷风，保证棚内的温度维持在一个安全范围内。

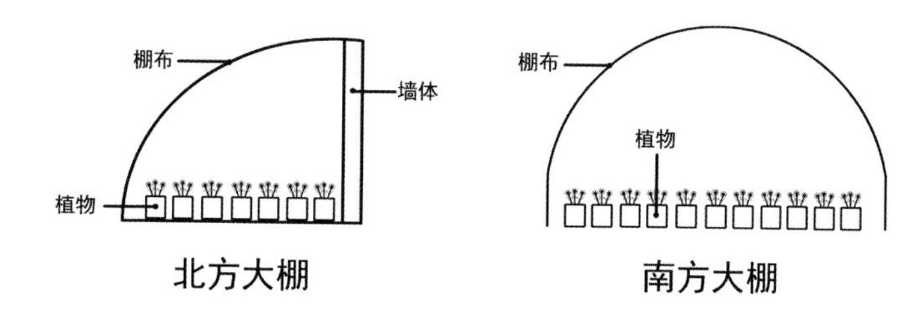

没有暖气的南方花友怎么办呢？建议在阳台光线最充足的地方自己制作一个小型的温室，只要达到保温透光的效果即可，外观早已并不重要。一片塑料棚布加上几根竹条也可以，一个废弃的玻璃缸也可以。有需要的话还可以借助一些灯具以及专业的加温装备来保证温度稳定。但需注意每天都要打开通风一会，长时间密闭不通风会使植物排出的废气无法流出，同时也容易造成霉菌滋生，诱发病害。另外，黑色的塑料盆相对其他吸水透气材质的花盆来说，保温吸热效果更好。

(2) \ 控水 \

当日平均气温低于 10℃时，大部分多肉植物就会进入冬季休眠。低温高湿和高温高湿的危害性一样大，因此在这个时期也应尽量少浇水，浇水宜选在晴天午后等相对温暖的时间，并且水温最好与气温相当，避免过冷的水刺激根系。当气温低于 0℃时应严格断水。十二卷属的多肉品种可以用喷雾或者采用闷养的方式提高空气湿度。

(3) \ 除菌杀虫 \

当需要制造密闭环境来保持温度时的代价就是通风条件变差，随之而来的潜在风险就是令病虫害的发生概率大大增加。所以在植物搬进室内或者自制小温室的初期，就应当做好杀菌杀虫工作，防患于未然。

六、多肉植物的繁殖

大部分多肉植物都可以无性繁殖，也就是通过叶插或者砍头来繁衍后代，且操作起来十分简单。如一棵正常健康的观音莲，在每年的生长季都会围绕主株生出一圈侧芽，利用这圈侧芽扦插，在两年内可以繁殖出成百上千株的后代，效率可谓惊人。

1. \ 叶插 \

多肉植物最常见的繁殖方式就是叶插。一个健康饱满的叶片，在几个月内就可以成长成一株新的肉肉。叶插最好选择在春秋生长季进行，温度过高或者过低都会降低成功率，15 ~ 25℃的气温是最适宜的。绝大部分的多肉植物都可以叶插，但是成功率各有不同，常见的白牡丹、黄丽、乙女心等都是叶插极易成活的品种，适宜温度下 3 周内就可以出芽发根。而在同一个温度与光照条件下的奥普琳娜却在 1 个月左右才开始生根。值得注意的是部分品种的叶插成功率非常低，如玉蝶、熊童子、广寒宫、雪莲等。所以开启你的致富之路之前，必须先做好功课，了解手中的品种是否可以叶插。

现在就以白牡丹来示范如何叶插。

中间断开的不能用于繁殖的叶片

首先，选择一棵健康的母株。挑选健康饱满的叶片，最好从最底端的几层叶片选起，不要选择干枯变软的叶片来繁殖。刚浇过水之后的肉肉含水量大，叶片会比较难取下，为了避免强行取叶时弄断叶子，你需要等待几天，等叶片的含水量有一定的下降后即可取下。用手捏住叶子，左右轻轻摇摆，操作时不要过于用力，要保证取下的叶片是完整的，断开的叶片是不能使用的。

接着，把掰下来的叶片放置在微微潮湿的细颗粒土壤上。叶插期间保持半阴的光照，避免阳光直射，否则小叶子还没有生出根来就会被晒干的。刚掰下来的叶片还有伤口，注意尽量不要让伤口接触到土壤，应保持伤口的干燥与清洁，以免感染细菌。接下来要做的事情就是等待了。

叶插

根系暴露在空气中的叶插苗

根据环境的不同，叶片生根发芽的时间也会不同。一般在生长季 10 天左右你就会看到叶片的伤口处长出须根以及小苗。在这之前都不需要浇水，因为叶子本身还积蓄着水分和养分，待根系扎入土中的时候就可以开始浇水了。如果发现叶子弯曲翘起造成根须暴露在空气中，那么可以用营养土覆盖住须根保证根系不会干枯死亡。

埋好根系的叶插苗

随着时间的推移，长出的小头会一天一天变大，旧叶片也会一天一天干枯。这个过程是十分正常的，不用在意，也不用移除旧叶片，等水分被主株吸收殆尽以后旧叶就会自行脱落了。

这时，就可以像照顾正常成株一样照顾这棵新生命了，适当加大光照强度，保证新长出的小叶片不会徒长，每次土壤干透的时候就可以浇水，等植物再大一些的时候就可以移到您喜欢的花盆中啦。如果把多片叶子同时放在一个盆内进行叶插繁殖还可以制造出爆盆的效果。

长大之后带着干枯母叶片的叶插苗

爆盆

2. \ 砍头 \

这个词有点吓人，但其实是一种快速繁殖肉肉的方法，字面意思就是把头砍下来。很多不能叶插的品种都能用砍头来繁殖，对比叶插来说，砍头的成功率更高。而且更吸引人的是，砍头后所留下来的底座还会长出新的小头，长大之后完全就是单株变群生的效果。

砍下的头

一个群生底座

首先，准备一把干净的剪刀或者一根钓鱼线。用剪刀剪下多肉上方的部分，如果叶片密集可以使用鱼线先绕一圈，再轻轻一拉就可以砍下来了。底部需要留下部分叶片，约 2 层即可。如果不留叶片的话，底座无法进行光合作用，一段时间后就会枯萎死亡。

接着，选择正好可以卡住植物的容器，如水杯或饮料瓶。将剪下来的头以生长点朝上、伤口朝下的状态放置，这样做的目的是防止植物因为光照而生长变形。待伤口充分地晾干愈合，即放置 3 ~ 7 天后就可以入土种植，使用的营养土依旧是微微潮湿即可。入土 7 ~ 10 天后植物就会长出新的毛细根，这时你就可以浇水啦。而剩下的底座的照顾方式也一样，伤口没有愈合之前不要浇水，并避开阳光。

这样，不久之后你就可以得到一棵新的单头植物和一个群生底座啦。

第四章 制作多肉小景

UN CAFÉ,

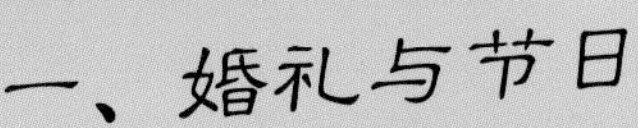

一、婚礼与节日

1. 多肉植物礼盒

作为一个爱多肉爱到无法自拔的人，还有什么能比收到这样一份礼盒更开心呢。让幸福不只在打开礼盒的那一瞬间停留，让这份幸福随着主人的呵护长久留存，生长繁衍。

（1）需要材料

①铺好塑料薄膜的礼品盒。

②颜色、形状各异的多肉植物。

③水苔。

④一些配饰。

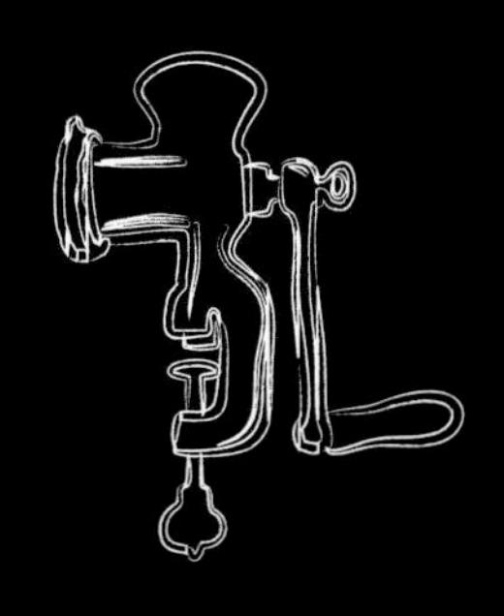

（2）制作过程

①将水苔泡水之后倒入礼盒中。预先铺好的塑料薄膜可以将水与礼盒隔离开来，让礼盒能够长久保存。

②用手轻轻地在水苔上挖出小坑，按照从大到小的顺序，分别浅埋下多肉根系。

③使用体型较小的多肉填补孔隙。

④使用饰品装饰在礼盒边缘以遮住塑料薄膜。

待礼盒准备送出时再盖上盖子，以免多肉长时间在礼盒内不透气，造成损伤。如果有需要还可以在礼盒底部打孔。后续的养护过程注意要将其放在光线充足的地方，浇水后也要记得把叶面上的水珠吹掉。

2. 多肉手捧花

在婚礼上使用千篇一律的鲜花手捧花早就过时啦，现在流行的可是自己亲手制作的多肉手捧花！多肉手捧花不仅可以用来求爱，在求爱成功后还可以养护起来，代代繁殖下去，也把这份专属的幸福永远繁衍传承下去。

（1）需要材料

颜色与形状各异的多肉植物、剪刀、钳子、园艺胶带、细铁丝、花杆。

（2）制作过程

①用铁丝将多肉与花杆固定在一起。

②用园艺胶带进一步加固。

③按照从大到小的顺序拿着花杆，一支一支地添加多肉。

④用麻绳捆绑成型。

⑤用钳子剪掉过长的花杆。多肉手捧花追求的是自然美，所以不需要全部剪成一样的长度。

做完啦！是不是很简单呢？多肉鲜活的状态大约可以维持 1 周。超过这个时间，状态就会开始变差啦。所以，在婚礼结束后要建议尽快种回土里，之后正常养护即可。

3. 多肉甜品台

无论是婚礼布置还是后院小景，这样一份富有层次的满是多肉的甜品台，总能给人一种莫名的满足感，让人再也移不开视线了。

（1）需要材料

①一个三层甜品架。

②颜色、形状各异的多肉植物。

③水苔。

④一些小鹅卵石。

（2）制作过程

①将水苔铺在盘子的中间部分。注意要给边缘留下空间，并尽量压实。

②按照大小以及颜色的不同搭配，依次种下多肉。

③把鹅卵石铺在边缘，遮住露出的水苔。

种植过程中确保每棵多肉的根系都浅埋在水苔里即可。完成之后需放置在光线充足的地方，每隔一段时间旋转甜品台的方向，让每棵多肉都能享受到阳光的照射。

4. 多肉圣诞树

2013年圣诞节，当时工作室刚成立1年多，每天除了接待来自各处的花友，闲来无事的时候会和朋友在不到20平方米的院子里晒晒太阳，聊聊天。当时院子只作为多肉植物的养护存放场地，一直缺少一个有观赏价值的角落，时逢圣诞节，于是大家商量之后决定做一棵多肉圣诞树，不要求有多高大，只想能给小院子增添一些节日气氛。最终，3个小伙伴经过2天的努力，用了将近100棵不同大小的多肉，打造出了这棵大约60厘米高的圣诞树。是的，这是一棵会生长的圣诞树哦！

这棵圣诞树的制作过程并没有想象中复杂，大部分时间都花在调整多肉的摆放位置上。要呈现360°无死角的美丽，需要很大的耐心。幸好在南方的12月，多肉状态极好，颜色是一年中最鲜艳的时候，该红的红了，该紫的也紫了。整个制作的过程中，即便是每日与肉肉相伴的大家，也会不禁感叹：真的太美了！

制作这棵多肉圣诞树的时候并没有预留任何生长的位置，所以养护过程中很少浇水。这么做的目的是为了尽可能长时间地保持圣诞树的造型，同时减少腐烂的风险。

下面就一步一步教大家如何制作一棵多肉圣诞树吧！

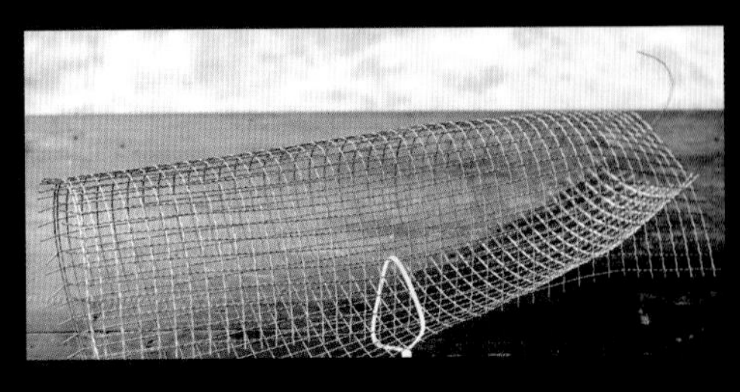

（1）需要材料

①一张孔隙在1～2厘米的铁网（五金店都可以购买得到，大小根据需要自行剪裁）。

②一根木棍（准备做多高的圣诞树就用多长的木棍），一些尼龙线，一根筷子，扎带若干，发夹。

③一把剪刀，一把钳子。

④花盆一个。

⑤颜色、形状各异的多肉植物。

⑥水苔。

（2）制作过程

①制作树体。把铁网卷成漏斗状，用扎带固定并捆绑好连接处。

②将扎带长出的部分剪掉。

③将网片倒立，垂直放入木棍作为树体的支撑。

④用水苔填满漏斗并压实。

⑤底部用尼龙线封口。

⑥将花盆用沙子填满，作为底座。

⑦将装满水苔的树体插入花盆，这么一来圣诞树的基础部分就做好了。

⑧用筷子在水苔上戳出预留给多肉根系的位置。

⑨插入多肉，并用发夹在底部做支撑固定。种上多肉的过程不要过于着急，多肉的根系虽然很强壮，但太用力还是会伤到它们。

⑩因为圣诞树的形状是上小下大，建议多肉也按照上小下大的规律排列。

多肉圣诞树放置的位置一定要光线充足，还要不时地旋转，让不同面的多肉都可以接受阳光照射。浇水的时候建议用细口浇水壶避开叶片浇水。要经常观察它们的状态，一旦发现有虫害或者病害的个体一定要马上取出隔离，对整株树喷洒杀菌杀毒药水。当多肉长大时，可以选择砍头的方式减少拥挤感。

二、旧物改造

1. 多肉台灯

一盏坏掉的台灯，换了灯泡还是不亮，那就改做多肉花器吧！

（1）需要材料

①铁艺台灯。

②颜色、形状各异的多肉植物。

③水苔。

④剪刀、麻绳、发夹。

（2）制作过程

①剪掉作为花器的台灯的电源线。

②卸下灯罩上的水晶石，给多肉留出种植空间

③填入浸水后的水苔。

④使用麻绳封住灯罩的底部。

⑤将多肉植入水苔中，并用发夹固定。

种上多肉后的灯体会变得头重脚轻，可以尝试在台灯底座绑上重物以增加稳定性。还要记住每隔一段时间旋转台灯的方向，让所有多肉都能全方位得到光照。

2. 多肉壁挂

挂式书架堪称是完美的多肉植物花器。改变一下思路，不放杂志放多肉，动手制作一个有态度的多肉植物造景。

（1）需要材料

①挂式书架。

②颜色、形状各异的多肉植物与水苔。

③细绳、发夹。

（2）制作过程

①在书架上绑上细绳，增加孔隙密度。

②填入水苔。

③将多肉植入水苔中，并用发夹固定。

书架只是个铁框架，水苔又是非常透气的植料，所以在生长季节需要多浇水。当通风与光照条件好时，可以2～3天浇水1次，以维持植物的饱满。

3. 肉熊出没

这个造景的风格比较特别，就这样把小熊给开膛破肚了，以至于好几个看到它的女孩都大呼多肉匠好残忍。其实，做这个造景的初衷很单纯。几乎每个人家里都会有那么几个陈年的毛绒玩具，丢了又可惜，放着又占位置。为什么不想办法让它重新发挥一下作用呢！

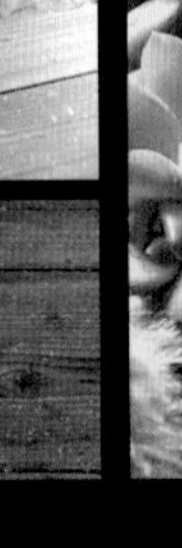

（1）需要材料

①旧毛绒玩具熊。

②颜色、形状各异的多肉植物。

③水苔。

④剪刀、塑料薄膜。

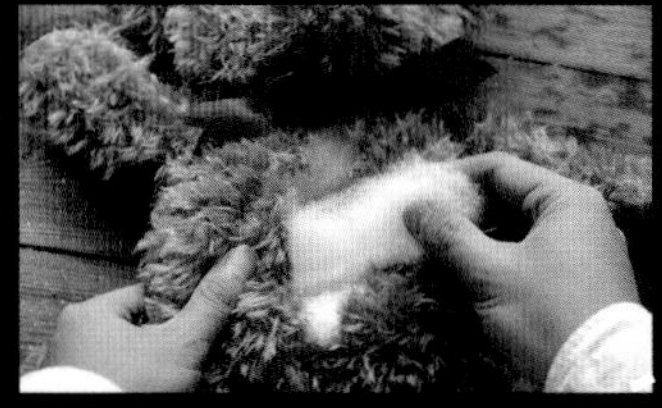
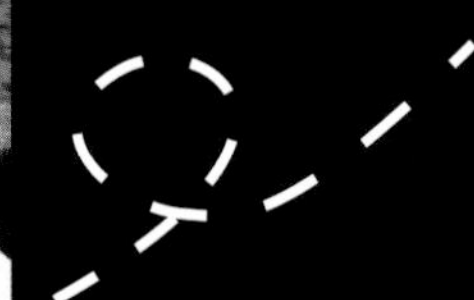

（2）制作过程

①在玩具熊身上开口。

②取出部分填充物，给水苔腾出空间。

③将水苔放入塑料薄膜内。

④连带着塑料薄膜将水苔塞入小熊体内。

⑤将多肉固定在水苔上。

浇水的时候把小熊平放，水量不宜过多。平时尽量让小熊面对阳光，避免淋雨。

4. 旧鞋改造计划

打开鞋柜，找出那双许久不穿的旧鞋，大刀阔斧地改造它，制作自己专属的鞋型肉盆！

（1）需要材料

①一只旧鞋（靴子或者高帮鞋最好）。

②颜色、形状各异的多肉植物。

③水苔。

④剪刀与美工刀。

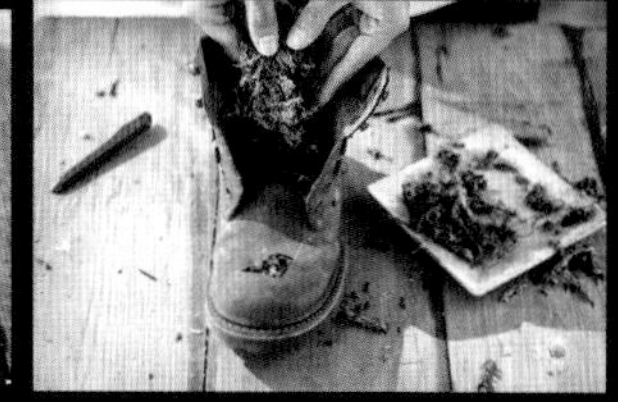

（2）制作过程

①剪掉鞋舌。

②用美工刀在鞋头割出种植多肉的空间。

③填入水苔。

④系上鞋带。

⑤选择颜色、形状各异的多肉一次种植完成。

浇水量不可过多，避免鞋体内积水造成烂根，有条件的话可以使用电钻在鞋底打孔。也可以使用凉鞋或者洞洞鞋等有透气空间的鞋子种植。

5. 怒改铁皮拖拉机

发现了吗，很多造景其实都是旧物改造。这台玩具拖拉机在多肉匠的书房角落呆了很久，每隔一段时间就要拿起来擦擦灰尘。现在种上多肉，再也不用做卫生啦！放在阳台上，浇水洗车一步到位！

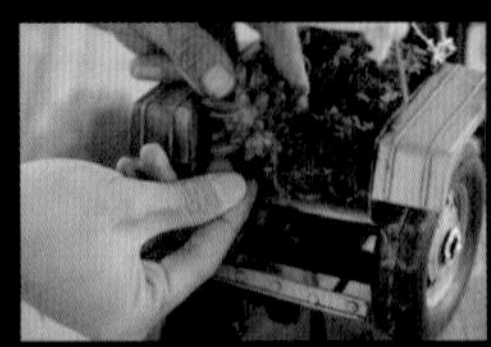

（1）需要材料

①铁皮玩具车。

②颜色、形状各异的多肉植物。

③水苔。

（2）制作过程

①把浸湿之后的水苔放入车内。

②选择颜色、形状各异的多肉一次种植完成。

铁皮车属于金属容器，在盛夏请不要将其放置在阳光底下暴晒。强光的照射会让铁皮车变得非常烫手，植物根系在这样的环境下十分容易腐烂。

I LOVE YOU
IN A PARK
012

多肉匠的小伙伴们

主要体力担当。搬砖工、水泥师傅。体力好，才不好胃口好的多肉匠。

多肉匠 / 头号花农

爱晒娃的时尚妈妈。

KITTY/ 爆裂花艺师

花艺园艺设计样样精通。

蒂蒂 / 多肉匠的妹妹

任何解决不了的多肉问题，找我就对了。

君君 / 多啦 J 梦

大棚的多肉墙等造景的框架都是出自我之手。

阿诺 / 精英木匠

勤劳能干。负责订单配货

金花 / 新加入的伙伴

多肉匠位于福建省福州市闽侯县南屿镇五都村的多肉植物大棚。

书内插画由周晨阳提供

http://duoroujiang.taobao.com

淘宝

微信

微博